私たちの教室からは米軍基地が見えます

普天間第二小学校文集「そてつ」からのメッセージ

渡辺 豪
沖縄タイムス記者

ボーダーインク

まえがき

「基地の街の子」

～文集「そてつ」からのメッセージ

宜野湾市立普天間第二小学校は、沖縄の本土復帰の翌年に当たる一九七三年度から毎年、在校生の文集「そてつ」を発刊している。同小は普天間飛行場と隣接し、敷地の境界が基地のフェンスという苛烈な環境に置かれ続けている。文集のタイトルにはこうした逆境を乗り越え、岩をも貫いて生きる蘇鉄のようにたくましく育ってもらいたい、との願いが込められている。

「そてつ」と向き合うきっかけは、二〇一〇年五月四日の鳩山由紀夫首相の来県だった。鳩山首相が普天間飛行場を「最低でも県外」へ移設する方針を断念し、「県内回帰」を地元に伝える対話集会の場として普天間第二小の体育館が選ばれた。筆者も取材のため立ち会い、そこで忘れ難い光景に出くわした。

入り口に金属探知機が設置され、大勢の警護が控える物々しい会場。重苦しい空気をはねのけるように、普天間第二小の教諭が威勢よく発言を求めた。

「騒音による昨年度の授業の中断は実に五十時間。それだけの時間を七百人余の子どもたちが奪われている。墜落したときにどのように子どもたちを守ったらいいのかと、いつもヘリを見上げている。一日も早い閉鎖を」

そう訴えた後、教諭はつかつかと鳩山首相に歩み寄り、児童たちが書いたメッセージを手渡そうとした。報道関係者のカメラのストロボやライトが集中し、警備が一斉に飛び出して制止する中、もみくちゃにされながら、教諭は子どもたちの声を首相に託した。

対話終了後、その教諭からコメントを得ようと、記者たちが取り囲んだ。筆者も加わったが、そのときふと頭をよぎったのが、第二小の文集だった。確か、同小独自の卒業文集のようなものがあったはずだ。ローカルのニュースで見た記憶がある。過去の分も含めて通読してみたい、と思った。

後日、同小の知念春美校長の許可を得て、数週間かけて過去の「そてつ」を全部読ませてもらった。子どもたちの日常生活をリアルに切り取った、きらりと光る、印象深い言葉が並んでいた。何より、「そてつ」というタイトルがいい。予想した通り、毎年必ず「普天間基地」をテーマに取り上げる児童がいた。当たり前のことだが、地元の人たちにとって、「基地被害」は九六年の日米の普天間返還合意後に始まった問題ではない。九六年というのは、全国メディアが「普天間問題」というかたちで「ニュース」として発信し始めた年であって、地元住民には単なる通過点にすぎない。

基地問題に関しては、日本本土と沖縄の認識のギャップがたびたび浮上する。しかし、沖縄県内でも、基地が集中する本島中北部とそれ以外の地域では、基地問題に対する受け止めに温度差がある。県内外を問わず、「当事者以外」の人たちに共感してもらう術はないか。生活者の視点から基地を語ってもらうことで、「等身大の世論」に近づけるのではないか。そのためには、小学生時代の詩や作文の紹介にとどまらず、「基地の街」で育った子たちが大人になった今、「動かぬ基地」に何を思うのか、じっくり腰を据えて聞く必要がある。そんな思いからインタビュー取材を始めた。彼らの基地との関係は、思想でも政治信条でも研究対象でもない。「親基地」「反基地」で単純に色分けできるものでもない。生活の中に基地が溶け込んでいる人たちである。普天間問題の当事者ともいえる人たちの心のひだに触れることで、複雑な心情を理解し、関心を深めてもらうきっかけになれば、と願っている。

本書は、日米の普天間返還合意から十五年の節目に合わせ、沖縄タイムス紙で二〇一一年四月四日から五月五日にかけて計二十四回連載した「基地の街の子~文集「そてつ」より」がベースになっている。新聞連載後も取材を重ね、単行本化に際して加筆し、再構成した。新聞連載時には掲載がかなわなかった、心をわしづかみにされた作文も、ご本人の承諾を得て所収している。

今この瞬間も、子どもたちが駆け回る校庭のすぐ真上を米軍機が飛び交っている。その現実に抗う言葉が本書には散りばめられている。

一人でも多くの人の心に届けば幸いである。

二〇一一年七月　筆者

文集「そてつ」第１号　昭和 48 年度

目次

まえがき
「基地の街の子」～文集「そてつ」からのメッセージ　1

基地のとなりの小学校

「普天間飛行場」　五の三　知念小百合　16
子ども心に違和感をもっていた

「ぼくたちの学校」　三の三　上地完友　32
やはり基地はなくなってほしい

「爆音」　五の二　真志喜信克　44
爆音に悩まされ、腹をたてる小学生がいたということ

基地と原発

「私の住む沖縄」　五の二　川田学　68
本心は出て行ってほしいけど、簡単じゃない

「普天間飛行場」　五の五　池原武司　98
基地が生活と密着しすぎて抜け出せない

近くて遠いフテンマ

「普天間第二小学校」　五の四　比嘉ムツ子　116
まさかまだ基地が存在しているとは思わなかった

「アメリカ軍のき地」　四の一　翁長麻乃　128
やっぱり固定観念が邪魔をしていると思う

「うるさい爆音」　六の五　稲福貴子　140
危険と隣り合わせであることを日々感じていた
いつか、きっと

「ぼくたち、わたしたち」　伊礼精得（校長）　154
決して言葉にはできなかったこと

書く子は考える　知念春美（校長）　163

「聞けない耳　きけない口」　五の三　伊波真由美　172
いつか、きっと、きける時がくる

普天間飛行場・普天間第二小学校をめぐる年表　180
あとがき　183

■本書に登場する方々の年齢・肩書きは新聞掲載時（二〇一一年四月）のものです。
■文集「そてつ」の作文は当時の子どもたちの文章をそのまま掲載しています。
■本文掲載の写真は１４７頁の写真以外は全て著者が二〇一一年三月から七月にかけて撮影したものです。
普天間第二小学校の児童の写真は直接本文とは関係ありません。

沖縄本島周辺・宜野湾市の位置及び市街地図

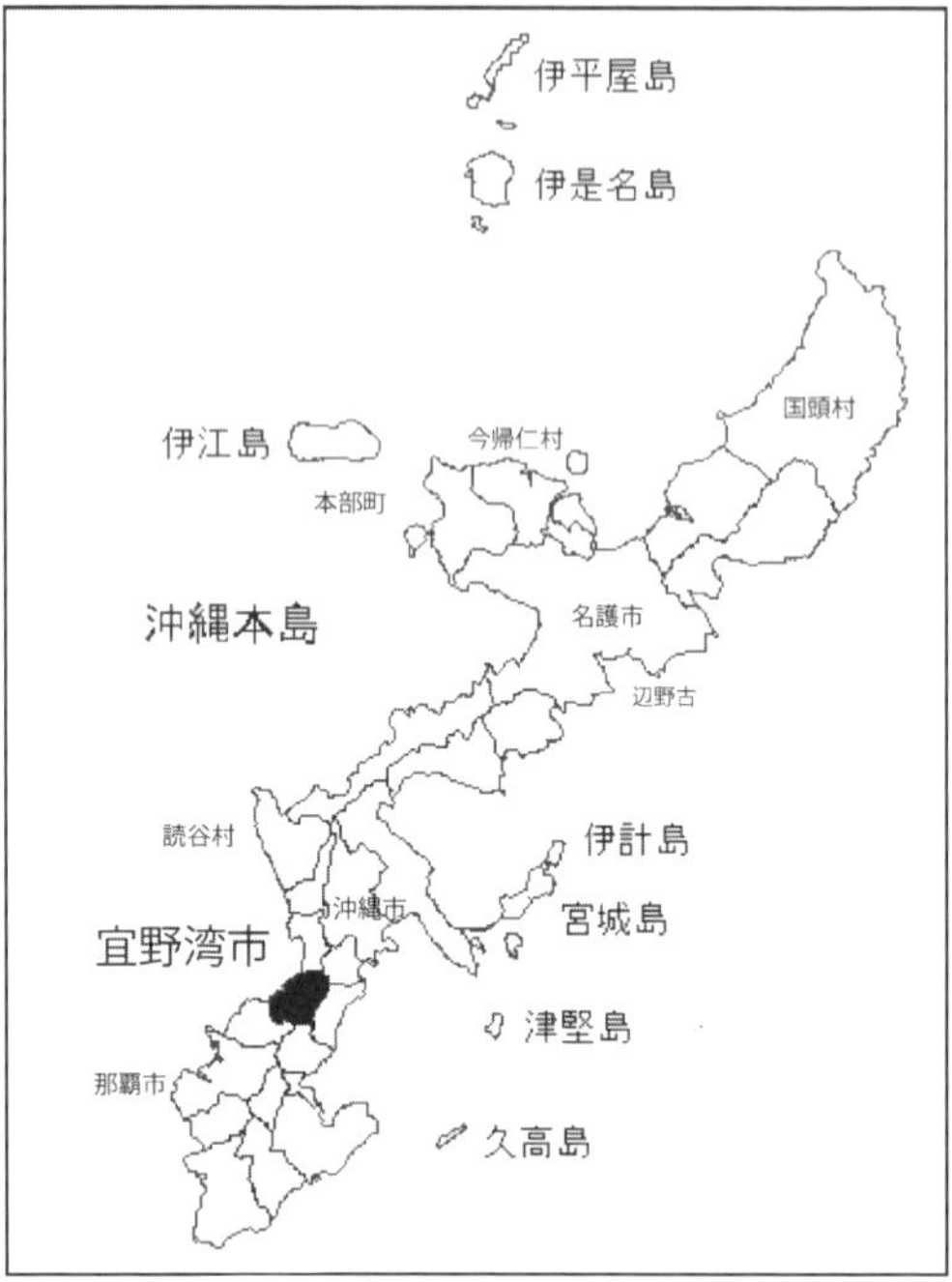

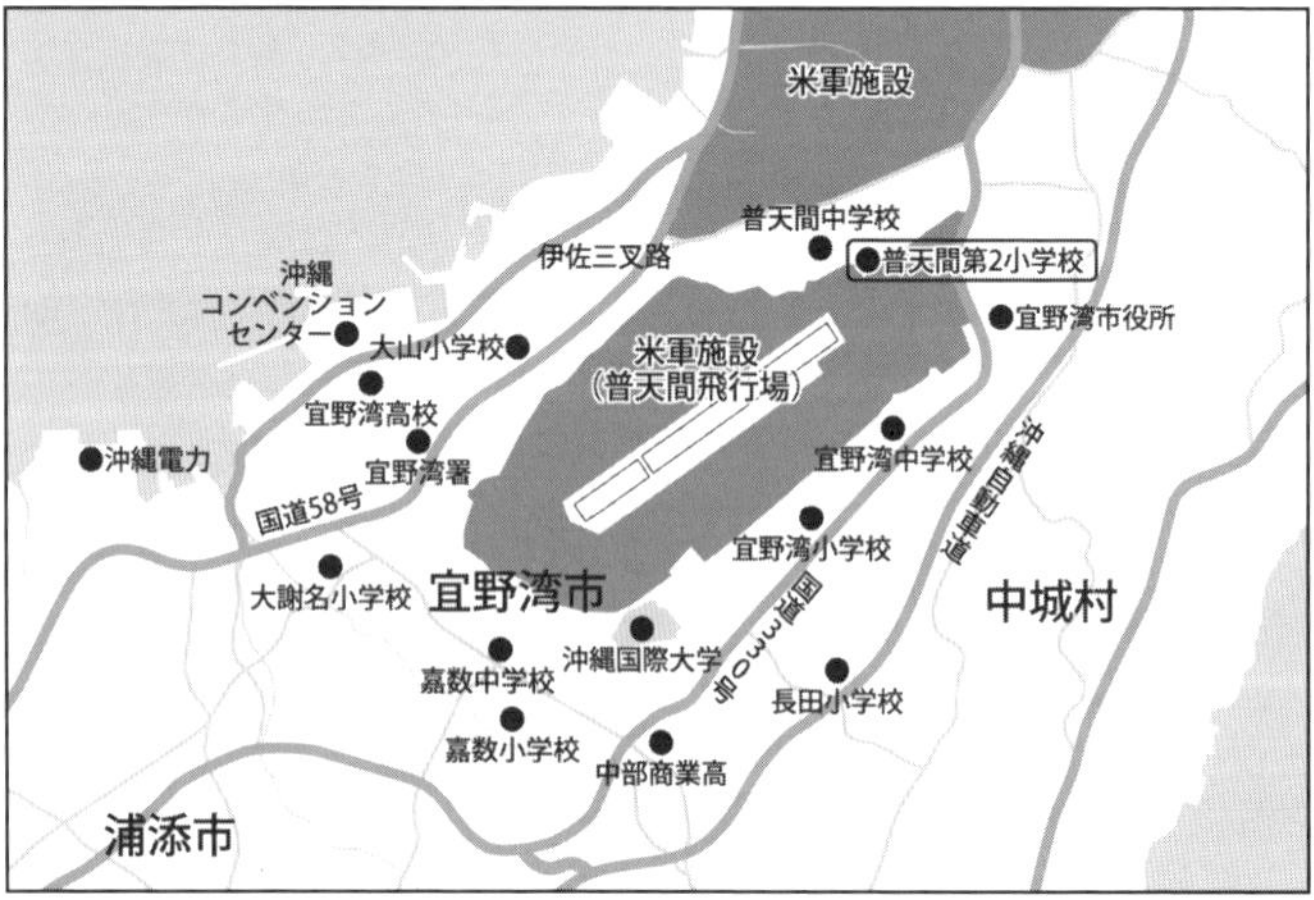

普天間飛行場と周辺施設

＊囲みが普天間第二小学校

宜野湾市 HP より

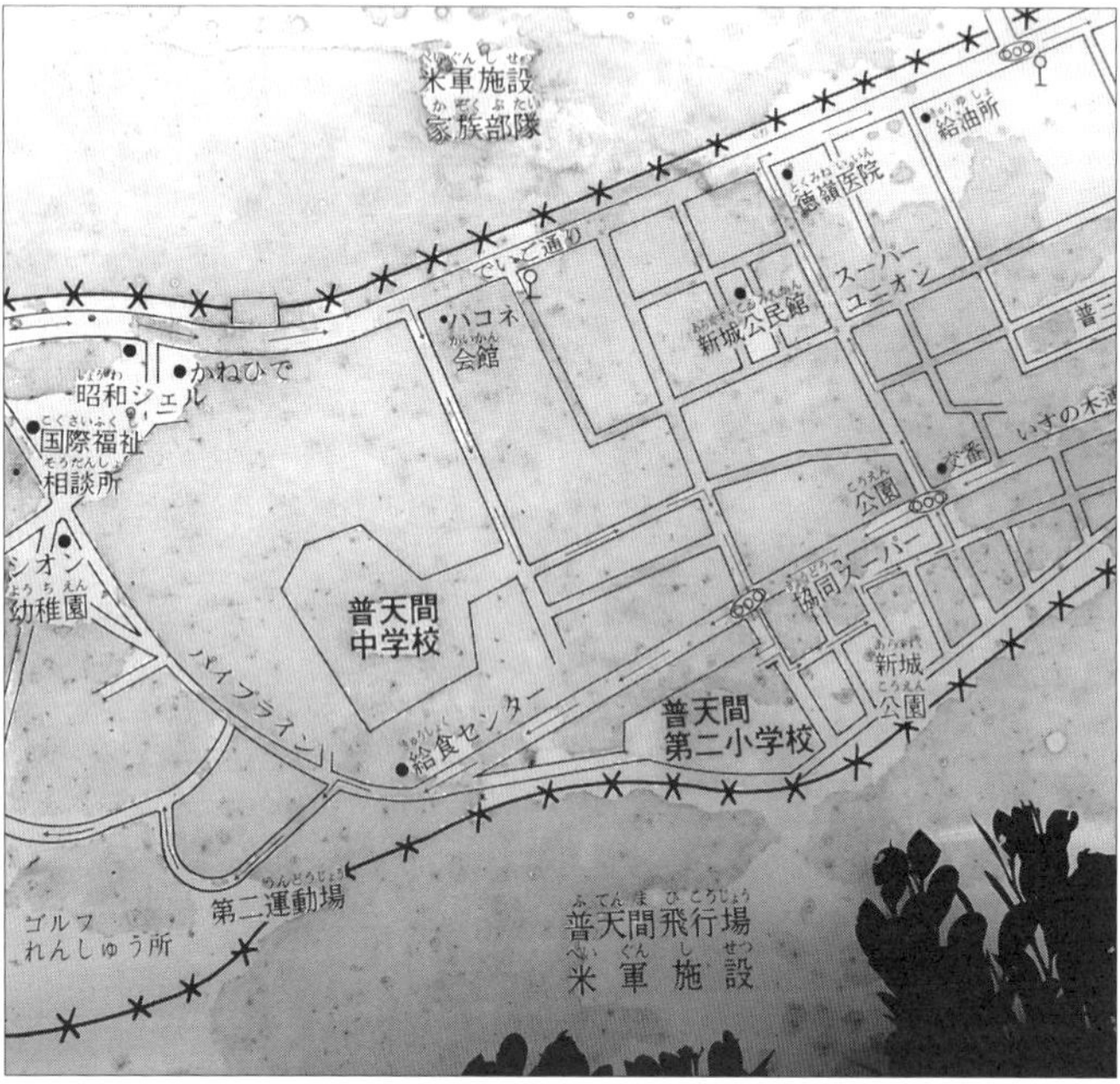

普天間第二小に設置されている通学路マップ

基地のとなりの小学校

「普天間飛行場」

五の三　知念小百合

「ビューン
ゴゴゴゴゴゴー。」

また、ヘリコプターだ。あっ、今私たちの小学校の上をとおった。

「うるさあーい。」

とも言うこともできず、ただ先生の話が一時ストップするだけだ。

そりゃ戦争を始めた日本が悪いけれど、罪のない私たち子どもまでがぎせいになることはないと思います。

四年の時
「うるさあーい、しずかにしろー。」

と、どなったこともあります。もやもやしていた心がすきーとして、なぜだか、むしょうにうれしくなってくるような気分だったのです。

社会の勉強で公害のことを調べました。どんな工場でも七時には終了するということを知りました。アメリカの基地も七時に終わるといいけどなあと思いました。

夏休みのことでした。普二小から三百メートルしかはなれていない所にヘリコプターが落ちるという事故がありました。基地内だからいいものを、もし学校におちていたなら、今ごろ私たちどうなっていたのかなあと思う。アメリカ兵たちは、それでも気楽にやっているみたいなのです。

その次の日、市役所の人たちが基地の前でストをしていました。それで基地の人が考え直してくれたらいいけど、それでもたえずヘリコプターは、ひっきりなしに飛んでいる。一つのヘリコプターが終わったら、次のヘリコプターというふうに、次々に飛んでくる。一日だけでもいいから、この宜野湾市や沖縄全体が静かだったらなあと思いますし、このまま宜野湾市がこうだったら、これから生まれてくる子どもたちに悪いえいきょうを与えると思う。
これからの沖縄県は、これから大人になるわたしたちにかかっているると感じるので、わたしたちががんばります。

（一九八二年度「そてつ」より）

子ども心に違和感をもっていた

この作文を書いた、少し勝ち気そうで頼もしい知念小百合さんは、どんな大人になったのだろう。約三十年が経過した今、小百合さん(四〇)は中学教諭になっていた。結婚し、八歳と五歳の二児の母となり、名字も「久場」に変わった。変わらないのは今も宜野湾市民であることだ。

三月八日午後七時。普天間飛行場のフェンスから二百メートルも離れていない宜野湾市喜友名の久場小百合さんの実家、知念家を訪ねた。ちょうど真上を、ついさっきまで米軍ヘリが低空旋回していた。

玄関口に立った途端、子どもたちのはしゃぎ声が耳に飛び込んできた。毎週火曜日、小百合さんの実家に、それぞれ所帯をもつきょうだい四人の一家が一堂に集まって夕食をともにする。この日は三世代、計十七人がにぎやかに食卓を囲んでいた。

「小さな頃から火曜日は私たちにとってスペシャルデイなんですよ」。小百合さんの説明を聞いて腑に落ちた。美容師をしていた母康子さん(七三)の店の定休日が火曜だった。このため、毎週火曜日はごちそうを並べ、一緒に「晩さん」を迎えるのが習いとなっている。小百合さんには妹二人と弟一人がいる。小百合さんが嫁ぎ、妹たちが実家を離れた後も、家族のつながりを大事にする実家での「特別な夜」の集いが途絶えたことはない。

小百合さんが夫と子どもの家族四人で暮らす宜野湾市真栄原の自宅は、喜友名の実家とは普天間飛行場をはさんでほぼ真向かいに位置する。米軍ヘリの飛行の影響で「地デジの映りがひどい」という。

実家を訪ねたときは、夕食が終わるかどうかのタイミングだったようだが、かたときもじっとしていない子どもたちは、食卓を離れて取材に応じてくれた小百合さんのそでをひっきりなしに引っ張る。そんな子たちをなだめながら、小百合さんは普天間第二小の思い出を語ってくれた。

学校でも自宅でも上空に米軍ヘリが旋回し、常に危険にさらされる生活だった。

「低空飛行は怖かった。中にいる軍人の顔も見える。登下校のときも落ちるんじゃないか、落ちたらどこへ逃げようかという意識が、いつも頭の中をめぐっていた」

基地が及ぼす影響として最も顕著なのは、「騒音に対する無頓着」だという。

毎週火曜日に３世代が集う知念一家。前列中央で子どもを抱いている女性が久場小百合さん＝宜野湾市内

「今も、わさわさしてますよね。私自身、こういう環境が気にならないんですよ」

子どもたちに視線を向け、あっけらかんとした口調でそう言われると、どう受け止めていいのか戸惑う。一家団らんの光景も、基地の影に侵食されているように映り、やりきれない思いになった。

自分たちはまともな環境ではなかった

第二小時代の授業風景で小百合さんが記憶しているのは、黒板の片隅に書かれた「正」の字だ。当時、教室にはエアコンが未設置で、冬場を除き、窓はたいてい開け放たれていた。このため、ダイレクトに米軍機の騒音にさらされ、たびたび授業が中断した。その都度、黒板のはしっこに「正」の字で回数を記す担任教諭がいたという。それを見れば、一日の授業で何回中断したかが一目瞭然となる。

小百合さんは「何これ？」と尋ねたことがある。担任教諭は「この数が多ければ多いほど、あなたたちは、よその地域の人と比べてマイナスが大きい、ということになるんだよ」と諭した。小三のときだった。「自分たちにはマイナスのものがあるんだな」と初めて自覚した。

小百合さんは第二小を卒業後、普天間中学に進学した。中学では、新校舎でエアコン生活を送った。基地と隣接した学校でのエアコン生活は、思わぬ情緒ももたらした。

夏場は常時、教室のエアコンを作動し続けるため、窓は閉めきったまま。冬場は寒いので窓を閉める。そうなると、教室の窓が常時開いているのは春先だけとなる。そのとき、外から聞こえてくるのは米軍機のエンジン調整音だ。

「私たちの生活感覚では、春先だけエンジン調整音が聞こえる。私にとってエンジン調整音は、春から初夏を感じさせる音になっている」

うりずんを感じる季節の風物詩として基地がある。生活に深く溶け込む基地という存在に、ときになじみ、ときに圧倒されながら小百合さんは成長していった。

普天間中学には、普天間小と普天間第二小の卒業生が入学する。普天間中の音楽教諭の言葉が今も耳から離れない。「声の大きさとか、耳の悪さとかがやっぱり違うよ」。普天間小と第二小の出身者を区別する見方に、小百合さんは大きなショックを受けた。「自分たちが当たり前に生活しているところが、まともな環境ではなかったんだ」との違和は進学や就職で世界が広がるたび、実感させられていく。

教職にあこがれを抱くようになった高校時代。鮮やかなインパクトを放つ教師との出会いがあった。普天間高校に在学中、エアコンが設置された。そのとき、「基地被害を覆い隠すクーラーが設置された高校で勤務するのは基地を容認したことになる」と宣言し、辞職した五〇代の教諭がいた。エアコンを設置し窓を閉めると、米軍機の騒音は和らぐ。そのことを「基地隠し」と批判するだけでなく、生活をなげうってまで反基地のポリシーを貫く姿に、「この世代の先輩たちは強いなあ」と心を打たれた。

普二小から三百メートルしかはなれていない所にヘリコプターが落ちるという事故がありました。

小百合さんが「そてつ」の作文でこう触れているのは、普天間飛行場で訓練中のUH—1Nヘリが離陸の際に滑走路の外れに墜落した八二年八月の事故のことだ。基地内に立ち上る煙を目撃した小百合さんは、事故を鮮明に記憶している。

「怖いなあと思った。しかしその後、何かが変わったということもないのを、子ども心に違和感をもっていた」

少年

温度差のある「当事者」意識

〇四年の沖縄国際大学への普天間飛行場所属ヘリの墜落事故(注1)は、既視感を伴う出来事だった。小百合さんは普天間高校から沖縄国際大学に進学した。事故当時は教員として普天間中学で勤務し、沖国大には教え子もいた。教え子たちには「事故のことはしっかり伝えなさいよ」と何度も言って聞かせた。

しかし県内ですら、基地に対する意識に温度差があるのが実情だ。米同時多発テロが発生した〇一年九月十一日。小百合さんは当時、教員として宮古島の中学に赴任していた。その日は「普天間飛行場がテロの標的になる」との不安から一晩中、眠れなかった。両親もきょうだいもみんな基地のそばに住んでいる。基地が攻撃を受けたら、どこへ避難すればよいのか、と頭を抱えた。が、翌朝出勤すると、自分のような「当事者意識」をもつ人は周囲にいなかった。テレビで刻々伝えられた航空機による自爆テロを「映画を観ているようだった」と冗談めかして話す同僚の軽口が耳に入った。その瞬間、小百合さんは同僚に向かって、「ちょっとすみません。今の言葉は撤回してもらえませんか」と食ってかかっていた。「そのときだけは、私も普天間人として言わなきゃって思って」

当たり前のように日常と隣り合わせにある基地。周辺住民は、基地が負う危険とも運命をともにする覚悟を強いられる局面もある。それが「外界」とは相容れない特異な環境であることを、小百合さんはまた一つ、心に刻んだ。

基地問題は家庭内でも火種となる。米軍属男性と結婚した義妹は現在、米軍基地のある神奈川県横須賀市で暮らしている。家庭内で「反基地」を話題にすると、小百合さんは息子や娘から、「基地がなくなったら、おばたちの仕事がなくなる。アメリカに帰したいの」と責め立てられる。そんなときは子どもたちに「そういうことではないよ」と言い含めてきた。

それでも、普天間飛行場の危険性除去に関しては「私たちが住んでいるところに危険なものがある。それをどかしてちょうだいって言っているだけの話」と割り切り、「声を上げてもいい」と思う。

普天間第二小出身で、普天間中学、普天間高校、沖縄国際大学へと進学し、普天間中学で教員としてのスタートをきった小百合さん。教室で生徒たちに自己紹介するとき、「ずっと普天間基地の周りをぐるぐる周っているから声がでかいんだよ」と経歴を冗談話のネタに使うこともあるという。

負の現実を突き放して笑い飛ばす「タフさ」は、沖縄の地に脈々と根付く文化だと感じる。小百合さんは、そんなウチナーンチュの気質を体現している人のようにも映る。

小百合さんは米海兵隊員による少女暴行事件を受け、宜野湾市で開かれた九五年の県民大会(注2)に参加した。「もう我慢できない。とにかく参加して人数で意思を表さないといけない」との思いからだった。だが、行動とは裏腹の疑念もよぎった。

「そのときも、そして今もそうだが、基地がなくなるのは目標ではあるけれど、本当になくなるのかなあって」

「怒り」と「あきらめ」が交錯する心模様

九六年の日米の普天間返還合意(注3)で返還への期待は高まった。が、このときも「県内移設」の条件に一抹の不安を覚えた。移設先が辺野古に決まり、「これでいいのか」と今度は受け入れ先のことが気になった。そして、「最低でも県外」を掲げる鳩山政権の誕生と挫折。政治が動くたび期待を寄せるが、どこかで「今回も無理では」と冷めた目で見る自分に気付く。「県外といってもそれでいいのかってなるし、国外ってどこに受け入れ先があるのってなる」

今の政治状況は「かなり厳しい」と感じている。しかし、だからといって、何を言っても無駄、誰がやっても同じ、とは言いたくない。

『そてつ』に作文を書いたときの自分のように、自分たちが伝えなきゃ、と思う子どもたちをつくらないといけない。当事者の自分たちが黙ってしまったら、あきらめたってことになってしまう」

教育者というよりも宜野湾市民として、今そう思う。

大人になればなるほど、普天間返還の議論が盛んになればなるほど、簡単にイエス、ノーとは言えなくなる。

「それが私たちの弱さでもあるし、矛盾でもある」と小百合さんは感じている。外に向かってアピールするのが苦手な沖縄の人が声に出して訴えるのは「相当のアクション」だ。「でも、それをやっていかないといけないんだろうなあ」

勇気と気力を振り絞って、繰り返し声を上げても、目の前の基地は微塵も動かない。そうなると、現実に順応した方が楽だ。「怒り」と「あきらめ」が交錯する心模様に揺れる中、小百合さんは、しなやかに、そして必死に、順応しようとする本能に抗っているように、私には映った。

（注1）沖縄国際大学への米軍ヘリ墜落事故　２００4年8月13日、米軍普天間飛行場所属の大型輸送機ヘリコプターＣＨ53Ｄが宜野湾市の沖縄国際大学の本館に接触後、墜落炎上。乗員１人が重傷、２人が軽傷を負った。飛び散った多数の部品やコンクリート片が周辺の民家などに被害を与えた。

（注2）九五年の県民大会　１９９５年9月に沖縄県内で起きた米海兵隊員による少女暴行事件を受け、同年10月21日に同事件を糾弾し、日米地位協定見直しを要求する県民大会が開かれた。８万５０００人が参加。

（注3）日米の普天間返還合意　１９９6年4月12日、橋本竜太郎首相とモンデール駐日米国大使が官邸内で会見し、５―７年以内の普天間飛行場全面返還で合意。返還の条件として、県内に基地所属の海兵隊ヘリコプター部隊の代替ヘリポートを新設することなどを挙げた。

「ぼくたちの学校」

三の三　上地完友

ぼくたちの、普天間第二小学校は、今年で21才になりました。

ぼくたちの学校のとなりには、アメリカ軍のひこう場があり、じゅぎょう中にも、ひこうきやヘリコプターが、れんぞくでとんで、とてもうるさいです。

先生の話も聞こえなくて、勉強中もじゃまになります。

それに、となりにひこう場があるため、ほかの学校とはちがって運動場がとてもせまいです。

だから、サッカーや野球がおもいきってできません。ぼくは野球もサッカーも大すきなので、いつも普天間ひこう場が小さくなってそのぶん運動場がとても広くなればいいなあと思います。

ぼくたちの学校は、運動場があっても運動会ができません。それで、きちのそばにある大運動場まで、わざわざあるいて行って、れんしゅうをして運動会をやります。

もちろんあそび場もせまいし、プールもありません。

水えいは、となりの普天間小学校までいって一日だけの水えい教室をやります。

でも、ぼくたちの学校には、三つのじまんがあります。

一つは、校門の所に花がいっぱいあること。

二つめは、池があってその池には、おたまじゃくしをとってあそべることです。

三つめは、みんながあかるく元気のあることです。先生も、「いつもみんな人なつこいね。明るくて、かわいいね。」といいます。

ぼくたちは、運動場がせまくても、いつも楽しくあそんでいます。

ぼくは、普天間第二小学校が大すきです。これからもスポーツも勉強もがんばります。

普天間第二小学校、21才のおたん生日おめでとうございます。

（一九八九年度「そてつ」より）

やはり基地はなくなってほしい

上地完友さんは現在三〇歳。独身だ。小学生時代と同じ宜野湾市普天間の自宅で両親と同居している。高台にある自宅二階からは街並みが一望できる。ビルやアパートを縫うように離着陸する米軍用機が、上地さんにとっては街並みと一体化した「風景」として目になじんでいる。

上地さんの曾祖父完文さんは、中国に渡って伝授された拳法の道場を和歌山市に開設した。これを基に、祖父完英さんは四二年、二世宗家として沖縄へ帰郷し、沖縄に上地流空手を誕生させた。現在は父完明さんが三代目宗家となり、自宅一階は上地流空手道宗家の道場でもある。このため、上地さんは物心ついたときには空手も基地も、身近にあるのが当たり前の存在になっていた。

第二小時代、活発な少年だった上地さんは、運動場でサッカーや野球をするのが楽しみだった。それでいつも、もっと運動場が広ければ、との思いを抱えていた。当時はトラックのすぐそばにまで遊具が配置され、伸び伸びと駆け回ることすらできなかったという。第二小の敷地面積はかつて文部省(当時)基準の四割程度の狭さだった。このため、運動会は宜野湾市喜友名にある米軍用地内の通称「第二運動場」や普天間中学で開催することもあった。運動場は九六年の新校舎建築に伴い、米軍用地の返還を受けて拡張。これにより、運動会は九七年以降、ようやく同校敷地内の運動場で毎年実施できるようになった。

上地さんの記憶に残っているのは、運動場での体育の授業中のことだ。夢中で運動していると、突然周囲が真っ暗になることがあった。クラスメートたちは「わーっ」とパニックのように騒ぎ立て、「また来たー」と射すくめられる者もいた。米軍輸送機が真上の低空を通過する際、空一面を覆い、運動場が機体の影になる。騒音には無感覚になっていても、輸送機の巨大さ、低空飛行の圧迫感は常に心を締め付けた。

今は当事者としての自覚を

上地さんは普天間中、普天間高、沖縄国際大を卒業後、宜野湾市の臨時職員などを経て、現在は西原町の民間福祉施設でデイサービスの介護職員として働いている。

介護の仕事を選んだのは、九四歳の祖母シゲさんに起因している。宜野湾市内のデイサービスを利用するシゲさんが毎回、同市普天間の自宅から楽しそうに出かけるのを見て、「どういうことをやっているのかな」と興味をもったのがきっかけという。

取材を申し込んだ際、上地さんから「福祉施設の高齢者にもインタビューしてほしい」と要請を受けた。理由を問うと、上地さん自身、介護の仕事を通じて接する高齢者から学ぶところが多いという。自分は、基地があるのが当たり前という環境で育った。が、戦争体験のあるお年寄りは、基地がもともと沖縄にはない「異物」だと捉えている。そのことが、上地さんには新鮮だった。それでメディアに「高齢者の声をもっと取り上げてもらいたい」と考えたのだという。

上地さん自身、最近まで基地問題に深い関心をもつことはなかった。「学校で先生から基地の危険性を諭されても、子どものころはあまりピンとこなかった」。基地の弊害と向き合う最初のきっかけになったのは、〇四年の沖縄国際大への米軍ヘリ墜落事故だった。前年に同大を卒業した上地さんは当時、宜野湾市の臨時職員として市内の児童センターに勤務していた。その日はラジオの臨時ニュースで事故を知り、あぜんとなった。「本当に危険なんだ」とまざまざと思い知らされた。

デイサービスでお年寄りと接するようになった今、上地さんは「これまでで一番、基地問題を身近に感じている」と打ち明ける。職場では利用者への新聞の読み聞かせを担当している。政権交代後、地元紙も全国メディアも、普天間問題のニュースで占められた。「基地はなくなった方がいい」と、利用者のお年寄りから上地さんが「言い聞かされる」機会もたびたびある。そのうち、「いつになったら解決するんだろう」と普天間問題の行方を注視するようになった。「あって当たり前」だった基地が、そうではいけない、と思うようになったという。

米海兵隊は来年（一二年）十月にも垂直離着陸機MV22オスプレイを普天間飛行場に配備する方針を打ち出している。(注4) 開発段階で事故を繰り返した同機の配備について上地さんは「今でも危険なのに、さらに危険が増すことに怒りを感じる。普天間の継続使用が前提とされているのも許せない」と憤る。

上地さん自身、所帯をもつことをイメージする年齢だ。自分に子どもができたとき、母校に通わせたいという思いは強い。が、基地と隣接した第二小には通わせたくない、とも思う。そう考えると、やはり基地はなくなってほしい。子どもには、自分のように「隣りに基地があるのが当たり前」という考えには染まってほしくない。

上地さんは、児童や園児の空手指導にも携わっている。その都度、「将来もこのままじゃいけない」と思う。

「自分が今、仕事で接している高齢者の人たちは皆さん、基地はない方がいいと言われる。それを子どもたちの世代につなげていくのが僕たちの役割かな」

これまで自分が基地問題の「当事者」と考えたことはなかった。が、今は当事者としての自覚が必要と感じている。

福祉施設で新聞の読み聞かせ

新聞連載から二カ月後の六月下旬、西原町の上地さんの職場を訪ねた。老人福祉施設での新聞の読み聞かせの時間に合わせて、のぞかせてもらったのだが、そこでの上地さんは生き生きと輝いていた。

こう言っては何だが、自宅でインタビューさせてもらったときは、こちらの質問に少し構えた面もあったのだろう、上地さんは言葉を探すのに必死で、ややこわばった表情だった印象がある。しかし今、お年寄りを前にした上地さんは、親しみやすさと頼もしさに満ちていた。

フロアに集まった、八〇代が主というお年寄りたち約二十人と、テーブル越しに向き合った上地さん。マイクを手に新聞を読み上げる。ただ、記事を読むのではない。話し言葉に置き換え、かみ砕いて分かりやすく背景説明も添える。例えば、この日、上地さんが選んだ「那覇市議会　オスプレイ配備方針撤回決議へ」の記事。垂直離着陸機であるオスプレイの飛行の特徴や開発段階で死亡事故が相次いだことなど、この記事には書かれていないことまでやさしく、言葉を選んで説明する。なるほど、普段から新聞を読み込んでいないと、こうはいかないのが分かる。

一方的に「聞かせる」だけではない。記事を紹介した後、上地さんは「基地返還が決まってから十五年もたって、いまだに何も変わらない状態なのに、新しいヘリも入ってきて、危険性は変わらない。いや、もっと危険になりそうです。皆さん、どんなですか」とオスプレイ配備に絡めてお年寄りにボールを投げる。

お年寄りたちからは、「おちょくられてる」「がんばらんと」と口々に感慨や訴えが上がる。孫を相手に「ゆんたく」している雰囲気だ。

この日は、六月二十三日の慰霊の日を数日後に控えていた。上地さんがさりげなく慰霊の日を話題に振ると、「竹やりの練習をした」と語る人や、地上戦の混乱をつぶやくよう

勤務先の福祉施設で新聞の読み聞かせをする上地完友さん＝西原町

に回想する人もいた。

沖縄の高齢者にとって、地上戦は重すぎる記憶だ。表情を硬くし、黙り込む人もいる。話し出すと、延々止まらない人もいた。が、上地さんは全体の雰囲気を察し、「暗くなってしまうからね、話題を変えましょうね」と適当な段階で話題を切り替えた。

運動面の「夏の高校野球県予選開幕」の記事が次のテーマだ。お年寄りたちの表情や声色にさほど変化は見られない。が、耳を傾ける人が増えたのが、その場の空気感で私にも伝わってくる。

「みなさんが好きな高校野球。きょうから県予選が始まります。楽しみですね」と上地さんが呼び掛けると、さっそく「テレビ中継は?」と遠くの席から質問が飛んだ。「まだです。テレビ中継が始まったら見ましょうね」と上地さん。締めくくりは、クイズ欄だ。「一緒に頭の体操しましょうね」。体操時間の合間に行われる「新聞読み聞かせ」は約二十分間続いた。

お年寄りを前にした上地さんは笑みが絶えない。その笑顔は実に自然で、舌も滑らかだ。繰り返すが、インタビューのときとは大違いだ。私はちょっとひねくれた思いで、上地さんに「職場見学」の感想を伝えた。

上地さんは、リラックスして話せるようになったのは「お年寄りたちと話をして心が通じ合うようになってから」と打ち明けた。そして、こう加えた。「ここへ来て元気をもらっている、生き生きさせてもらっている」

少し口下手で、シャイな上地さんに戻っていた。

（注４）普天間飛行場へのオスプレイ配備　２０１１年４月、米メリーランド州で開かれた国際海洋航空宇宙展（海軍協会主催）で、開発計画の責任者であるマシエロ大佐が記者会見し、垂直離着陸機ＭＶ22オスプレイの初の国外部隊を２０１２年10月に沖縄で編成すると言及。米国防総省は２０１１年６月、海兵隊が２０１２年後半に垂直離着陸輸送機ＭＶ22オスプレイを米軍普天間飛行場に配備する方針を表明するとともに、日本政府と配備に関する協議を始めたと発表した。沖縄防衛局は、防衛省からの情報として「米国政府が、２０１２年の遅くから第３海兵遠征軍（在沖海兵隊）の輸送ヘリＣＨ46と代替することになる」旨を発表した、と県や宜野湾市に伝えた。同機は開発から運用段階の墜落事故で30人以上が犠牲になり、「未亡人製造機」とも呼ばれた。

「爆音」

五の二　真志喜信克

「ゴォーッ。」「ゴォーッ。」
ものすごい音をたてて
となりのマリン飛行場の
ばかでかい飛行機が
教室の屋根すれすれに、飛んでいく。
三分たって
やっと静かになった。
「さあ勉強だ。」

えんぴつをもったとたん
「ゴォーツ。」「ガガガッ。」

耳をつんざく
ものすごい音。

先生の声が聞こえなくなる。

みんなの声も聞こえなくなる。

ぼくは、

「もうどうでもいいや。」

と、えんぴつをなげた。


（一九七六年度「そてつ」より）

爆音に悩まされ、腹をたてる小学生がいたということ

真志喜信克さん（四五）が経営する本部町の学習塾を訪ねたのは三月十日。3・11（東日本大震災）の前日だった。

この日の沖縄の地元紙をにぎわせていたのは、在沖米国総領事を務めた米国務省のケビン・メア日本部長が米国の学生向けの講演で「沖縄はごまかしの名人で怠惰」などと述べたとされる「差別発言」問題だ。（注5）同日付の沖縄タイムスの紙面展開を紹介すると、一面トップはメア発言に対する県内四十一市町村長への緊急アンケートの記事。九割に当たる三十七首長が「メア氏に謝罪・撤回を求める」とし、二十八首長は辞任・罷免を求めた。普天間飛行場の移設問題への影響については三十四首長が「ある」と答えた、といった内容だ。一面下のコラム「大弦小弦」や社説、二、三面、社会面も抗議の渦で埋め尽くされている。十日は「メア氏更迭」の号外を一万部発行した。

私は、メア氏とは総領事時代に面識があった。那覇市の沖縄タイムス本社から本部町に

向かう車中のラジオニュースでメア氏の更迭を知り、妙な感慨で心がざわついた。うまく説明できないが、ざまあみろ、でも、お気の毒に、でもない。冷笑や同情とは異なる、わびしさのような思いに包まれた。メア氏のような強硬派が普天間問題の表舞台を去るのは、良い方向へ進む兆しだと単純に捉えることはできなかった。

「みんなが思っている本音を口にして何が悪い」。彼は内心でそう思っているのではないか。問題の本質は封印されたまま、メア氏が色眼鏡を外して沖縄を見る機会は永遠に失われたように思われた。

メア氏を「スポンジ」と考えれば分かりやすい、と私は思っている。彼は在沖米国総領事の前は、東京の在日米国大使館で安全保障部長の役職に就き、日本の外務・防衛官僚や政治家をはじめ、マスコミ関係者など、この国の安全保障政策にタッチする主要な連中とはひと通り付き合ったはずだ。彼は東京での人脈から得た情報を子どものような素直さで吸収していった。そう思えるほど、メア氏の視点は外務・防衛官僚の「沖縄観」そのものであり、今や全国世論にも浸透しつつある「差別感情」と似通っている。メア氏は日本で高感度のセンサーを働かせ、要点を敏感にキャッチし、婉曲を取り払った彼独特のストレートな表現に加工したにすぎないのではないか。

だが、問題は彼が「日本通」なだけでなく、「沖縄通」でもあったということだ。県内の首長や経済関係者の中にも、沖縄在任中のメア氏に非公式の席で「本音」を吹き込んだ人はいなかっただろうか。

そんな妄想にふけっていると、はるか遠くに感じていた本部町まであっという間だった。

（注5）ケビン・メア氏の「差別発言」問題　米国務省のケビン・メア日本部長が2010年末に米大学生らに国務省内で行った講演で「沖縄はごまかしの名人で怠惰」などと発言していたことが、講義を受けた米大学生らが書き留めたメモで明らかになった。メモによると、「日本人全体がゆすり文化の中にある。まさにゆすりであり、それが日本文化の一面だ」と述べた後に「沖縄はその名人であり、沖縄戦における犠牲や米軍基地の存在に日本政府が感じている罪（の意識）を利用している」と述べた。

軍用機と民間機の飛び方はまるで違う

本部町の職場を訪ねたとき、真志喜信克さんは人生の転機を迎えていた。

普天間第二小から普天間中、普天間高へと進学。バンド活動やラジオパーソナリティーなどを経て、本部町で十六年間、学習塾を経営してきた信克さん。妻と二〇歳から七歳まで四人の子ども、それに多くの生徒たちと長年親しんだ同町の職場を離れ、四月から今帰仁村に新設する学習塾の開校準備に追われていた。「四六歳を前に塾を新設する。自分の中でもいろいろ切り替わっているとき。人生の節目に取材を受けるなんて奇遇だなあ」。そう言って迎えてくれた。

本題に移ると、話題は自ずとメア氏発言に向かった。

信克さんがメア氏の発言で最も強い違和感を覚えたのは、「沖縄の人はいつも普天間飛行場は世界で最も危険な基地だと言うが、彼らは、それが本当でないと知っている。（住宅地に近い）福岡空港や伊丹空港だって同じように危険だ」という下りだ。

「伊丹や福岡も同じ」という見解に、信克さんはまったく理解できない、と真っ向から異議を唱えた。

「基本的に軍用機と民間機の飛び方はまるで違う。那覇空港を離着陸する民間機を見て怖いと感じたことはない。飛行の危険だけでなく、兵士が駐留することによる事件もある。それも含めて捉えたとき、同じものと考えるのは絶対にいけないと思う」

「なぜこんなに、うわべしか見てないのかなあ」としきりに首をひねる信克さんを前に、総領事時代から折に触れて「普天間は危険ではない」と口にしていたメア氏の横顔が浮かんだ。

米総領事の公邸は宜野湾市の普天間飛行場を見下ろす丘の上にある。公邸でのパーティーなどの場で、メア氏は眼下の普天間飛行場を指さしながら、列席した人たちに向かって「伊丹空港や福岡空港も同じような市街地にあります。普天間だけが特別に危険ということはありません」と流ちょうな日本語で唱えていた。地元紙で「問題発言」と糾弾されても、一向にひるむことなく、むしろ騒ぎ立てる地元紙の反響を楽しんでいる節もあった。

メア氏が「沖縄の人はゆすりの名人」と発言した、との報道に接したとき、信克さんは「そういうふうにとられているのか」とのやりきれない思いとともに、何が悪い、と開き直りたい衝動にもかられたという。

「戦争には反対、でもお金はいただいている。これって本当の気持ちだと思う。基地は否定肯定に関係なく、現実としてある。それを利用するのも悪いのか。基地に職があれば背に腹はかえられない。僕はそこは否定したくない、というよりできない。有りだ、と思っている」

信克さんは、メア氏発言に込められた意識が米国人一般に通じる面もあると言い、「沖縄の人は一部の米国の方から相当下に見られていると思っている」と打ち明けた。

復帰前は「植民地の奴隷みたいな扱いも受けた」と親の世代から聞かされたこともある。

「占領意識はまだ残っているんでしょうね。(メア氏は)それがつい出てしまったのかなあ」

信克さんには、バンド活動などを通じて交流のある米軍関係者もいる。彼らと付き合った経験から、「『自由の国アメリカ』は差別も自由」だと理解したという。

沖縄は基地と共存している、とよく言われる。が、「共存」というのは本来、フィフティ・フィフティの立場でこそ築ける関係だ。その点、米軍人と沖縄の人の間で対等の関係を築くのは「絶対無理」というのが信克さんの持論だ。「沖縄に来る米国人の大半は軍関係者なので階級の上下関係がはっきりしている。必然的に沖縄の人を上から見る人が多くなる」。沖縄に対する蔑視や高圧的な態度は、メア氏に限ったものではない、というのが実体験に基づく確信だ。

「僕は中国を怖い国だと思っている。米軍が沖縄に駐留していることで守られている部分もあるかもしれない。それは認めざるを得ないけれど、かといってそれ(米軍の駐留)を全部肯定してしまうのはやはり違う」

信克さんはそう捉えている。

消えないわだかまり

「そてつ」に掲載された自身の詩「爆音」に目を通してもらうと、まさに「そのもの」ですねえ、と信克さんは照れくさそうに笑みを浮かべた。

「ゴォーツ」「ガガガッ」。米軍機の爆音の生々しい表現が印象に残る。

「米軍機がほんとに校舎すれすれに飛んでいく状況だった。詩には聞こえた音をそのまま書いている。遠くでキーンという音ではない。間近ですごい音が響くので、こういう表現になる」

小学生のころは、眼前の低空を飛ぶ米軍機を見ても、怖いと感じたことはなかった。

「ヘリの操縦士から手を振られたら、振り返すみたいなこともあった。それぐらい近い」

そんな日常の中で、米軍機をうるさいとは思っても、危険性に対する感覚は薄れていた。

ただ、いつ落ちてもおかしくはない、という意識は潜在していた。当時、基地内でときどき廃タイヤが燃やされていた。そのとき立ち上る煙と炎には毎回肝を冷やされた。子ども心に「米軍機が墜落したのでは」と連想したからだ。

普天間飛行場の危険性を直視することになったのは〇四年。沖縄国際大学に普天間飛行場所属ヘリが墜落した。信克さんは同大学に通う塾の元生徒と、大学近くに住む友人に安否確認の電話をかけまくった。友人宅の近くには事故機の破片が飛んできた。

「あれだけの事故で人が死ななかったのが奇跡」。そう痛感しただけに、本土メディアの事故直後のニュースの扱いの小ささにはショックを受けた。

「僕らにとっては相当大きな問題。こんなに大騒ぎしているのに。逆に人が死ななかったから(本土メディアの)扱いが小さかったのかなあ」

納得しようとするが、わだかまりは消えない。

保守だろうが何だろうが、基地はない方がいい

九六年の日米の普天間返還合意の報は、宜野湾市内のなじみの飲食店のテレビで知った。同級生のバンド仲間らと、「嘘だろ」と声をそろえたのを覚えている。が、県内移設が条件と分かり、「まず無理だろう」と思った。移設がはかどらないまま迎えた〇九年の政権交代後は「さらに難しい状況になった」と感じた。鳩山由紀夫首相の「最低でも県

外」という主張は、「絶対無理だ」とすぐに悟った。

「ずっとできなかったのに、そんな簡単にできるの。辺野古にも苦渋の選択で受け入れる人もいる。辺野古移設の話もしながら、そんなこと言っていいのって」

自公政権下で首相が目まぐるしく代わったとき、そして今も、「超党派で政権をつくって普天間問題だけでも解決させられないのか」といら立ちが募る。政治に関心の強い父親の影響で、かつては地元の選挙を手伝ったこともある。しかし、最近は「政治に興味がない。どんどん離れていっている感じがする」

信克さんは父親の影響で「保守寄り」の考えだったが、「保守だろうが何だろうが、基地はない方がいい」というのが今の信条だ。が、「保守」だけでなく、「革新」の人たちが言うことも「違う」と思っている。十五年を経てもなお解決の糸口を見いだせない普天間問題に接し、「政治家は一生懸命勉強していると思うが、やっていることは子どもみたい」と感じるようになった。目まぐるしく変わる閣僚の発言の軽さ、足の引っ張り合いに終始する政党の底の浅さにへきえきする。

「僕らが分からないようなレベルのことをやってくれるのが政治家だと思ってきた。僕らがそういうふうに（子どもみたいと）言えてしまうレベルって大変な状況にあるような気もす

地元普天間への思いを語る
真志喜信克さん＝本部町内

る」

それでも、政府に対しては、「(返還の)約束をしたんだから動かさないといけないんじゃないの」と訴え続けたい。

前原誠司外相は昨年(一〇年)十二月の来県時、「辺野古移設を受け入れてもらえないのであれば当面は普天間の継続使用にならざるを得ない」との認識を示し、県から要望があれば第二小や病院など周辺の公共施設の移転を検討する考えに言及した。(注6) こうした現状には、「筋違い。もう逃げ。根本の解決である普天間返還を実現してほしい」と直言する。

半面、基地が生活に密着している状況を肌で知る信克さんは、基地から糧を得ている友人も周囲にたくさんいる。軍用地料がなくなるダメージは「大変だろうな」とも思う。

普天間飛行場はない方がいいという話はするが、「基地がなくなったらどうするの」と切実さを訴える人の声を切り捨てることはできない。

「ある意味、それが本当の沖縄の気持ちなのかなあ。本当は強く反対って言いたいけれど、いろんな制約がありすぎる」

一方で、基地から派生する事件事故と常に隣り合わせの生活を余儀なくされてきた沖縄には、基地に依存する処し方をよしとはしない風潮も根強い。

「だから沖縄って難しい。そういうジレンマもあって、普天間問題で声を出せない人もいるのでは。政権交代後の混迷で、どう転ぶか分からなくなって、余計に意見が言えなくなっているような気もする」

東日本大震災後、普天間問題解決に向ける政府の余力はますます失われつつあるように映る。後日あらためて信克さんに見解を問うと、「まずは被災地の支援に全力で取り組んでもらいたい。その上で基地問題にしっかり向き合ってもらえばいい」というのが今の思いだという。

普天間飛行場の危険性は自分たちにとって重要な問題であることに変わりはない。が、実際、生活に困窮している人々よりも優先して解決を求めるのは、はばかられる。自分のことよりも他人の痛みを重く捉えるのが「沖縄県民の心」ではないか、と信克さんは指摘する。

「反対反対でなぜ敵視ばかりするのか」

信克さんは、いろんな壁にぶち当たりながら、その都度自らの手で人生を切り拓いてきた人のように思う。だからこそ、言葉も思考も軸がぶれない。その根本にあるのが、家族や仲間、そして何より故郷を大切にする思いなのでは、という気がした。

信克さんはどんな環境で育ったのか。信克さんの話に出てくる「がちがちの保守」という父正信さん(七二)に会ってみたくなった。

第二小から普天間飛行場のフェンス沿いに西側へ数百メートルも行けば、正信さんが営むガソリンスタンドにたどり着く。

正信さんは若い従業員に交じって、Tシャツ姿で客の車をタオルで磨いていた。短髪に日焼けした顔は、現役の経営者らしい活力に満ちている。野球のグローブのような肉厚の指は油で黒ずんでいた。

生まれも育ちも、宜野湾市喜友名だという。ガソリンスタンドの経営は「まだ浅くて二十年ほど」。それ以前は、砂利販売会社を営んでいた。子どもは信克さんを含め四人。四人の子はいずれも第二小の卒業生だ。長男の信克さん以外はみんな宜野湾市内に住んでいる。

ガソリンスタンドの真上を米軍機が飛ぶ。最近、振動でスタンドの事務所の蛍光灯が落下したという。鉄骨造りの事務所の中では、米軍機が通過すると、会話もできなくなるほどの騒音が響く。

「騒音は我慢もできるが、宮森小のようなことが起きれば大惨事になる」

正信さんには、石川市(現うるま市)の住宅地に米軍嘉手納基地所属のジェット機が墜落、近接する宮森小学校に激突し児童十一人、一般住民六人が亡くなった五九年の事故の記憶が生々しく残っている。正信さんは今も、米軍機の異音が聞こえると、外に走って出て、どこを飛んでいるか確認する癖がついている。これまでに二度ほど米軍機事故の現場を目撃したという。

基地と隣り合わせの学校に、四人の子どもたちを通わせるのはどんな思いだったのか。正信さんは「毎日心配でひやひやしていた」と打ち明ける。そして「今は孫のことが心配」とこぼした。十三人の孫の中には、市内の小学校に通っている子もいる。

正信さんは九六年の日米返還合意を経て、「ようやく辺野古に移設先が決まってほっとしていた」という。危険なものを辺野古に押し付けるという認識ではなく、今よりは安全な場所へ移設するのであればいいのではないか、と考えている。

「安心していたら、宜野湾市の場合、市長はじめ県外へというので、今はあきらめて何でもいいやって感じになっている。いつなんどき事故があってもおかしくないと思って、僕らは過ごしているのだが、そのへんがなかなか伝わらない」

そう嘆く正信さんは、基地反対論者ではない。

「反対して基地が返還されるならみんな反対する。軍隊のない日本で、米軍が守ってくれて平和が保たれている面もある」

正信さんは、戦後の米軍統治下で「奴隷のような扱いを受けた」のはまさに自分たちである、と自覚している。

「一生懸命に頑張って働いていても、気にくわなかったら、気分次第で帰りなさいと言われる。馬みたいにこきつかわれたが、いちいち文句を言っていては食っていけない。ほかに仕事もなかった」

米軍統治下の沖縄での苦い思い出を背負いながらも、正信さんには米国人一般に対する悪感情はない。

二〇代の半ばごろ、正信さんはクルーズ船の船員として世界中を航海した。そのとき、「人間が一番いいのはアメリカだ」と実感したという。各地で温情を示してくれた米国の労働者たちの記憶が、正信さんには刻まれている。

ガソリンスタンドに、Yナンバーの車が停車していた。正信さんは、米軍人のお得意さんを抱えている。「基地がなければないでやっていくが、反対反対でなぜ敵視ばかりする

ガソリンスタンドを経営する信克
さんの父正信さん＝宜野湾市内

のか」

信克さんの「そてつ」の詩に話題を振ると、正信さんの声のトーンはまろやかになった。自分は中学出だが、信克は小さな頃から勉強好きだった、とちょっと誇らしげに話した。

「本人には言ったことはないが」と断った上で、正信さんはこんなエピソードを披露してくれた。最近、本島北部にゴルフへ行くと、キャディーさんらが「真志喜」という名字に反応し、「もしかすると、本部町に息子さんがいませんか」と問われるようになった。塾の教え子の親たちから、信克さんが感謝されているのを目の当たりにすると、「よかったなあ。陰ながら応援したい」としみじみ思うのだという。そして、大学医学部を目指した時期もある信克さんに、家業を継がせようとした過去を振り返り、「申し訳なかったと思っている」と吐露した。

あのスペースが基地でなくなるのは本当にすごいこと

信克さんは月に数回、宜野湾市の父のもとを訪ねる。正信さんが営むガソリンスタンド近くの集落を歩くと、どれだけ騒音がひどくても、ほっとするという。「今は北部で仕事をしているが、僕自身は宜野湾市民のつもり」という信克さんの夢は将来、息子や娘たちが「地元」で暮らしてくれることだ。

「でもそのときには、基地がなくなっていないと安心できない」

信克さんがバンド仲間らと集まったときに盛り上がる企画のアイデアがある。普天間飛行場の返還が実現したとき、更地になった跡地でフリーコンサートを開催しようというもの。多くの県民が集まって、みんなで盛大に祝ってから跡利用にとりかかろう、との趣旨だ。

「それぐらい、(普天間飛行場は)まずなくなってほしい。あのスペースが基地でなくなるのは本当にすごいこと」

信克さんは、父正信さんの仕事を手伝っていたとき、普天間飛行場の中に何度か入ったこともある。その都度、「距離感の違い」を思い知らされた。普段は宜野湾市内のどこへ行くにも市街地の真ん中にある基地を迂回させられる。

「基地内を通過すれば、例えば、喜友名と長田があっという間。これだけの時間って相当の宝だと思う」

信克さんは「そてつ」に、「爆音」というタイトルの詩を書いた自身を振り返り、「爆音に悩まされ、腹をたてる小学生が実際にいたということ。そういう小学生がいなくなることが大事」とかみしめるように話した。

（注6）普天間第二小などの移転…2010年12月21日、前原誠司外相は記者会見で、普天間の危険性除去策として「私の思いとしては万が一の被害を最小限にするため、バッファー（緩衝帯）をつくることを考えている」と説明。普天間第二小学校や病院、高齢者関連の施設を例に挙げ、「特に沖縄県から要望があれば、政府として前向きに考えたい」と周辺施設の移転を検討する考えを示した。移転を検討する理由として、「辺野古を受け入れていただけない以上、当面は普天間の継続使用にならざるを得ない」との見解を表明した。同月9日には、民主党の岡田克也幹事長が定例会見で、8日に設置された沖縄協議会で同党県連から米軍普天間飛行場の危険性除去策として普天間第二小学校の移転などを例示されたことを認めた上で、「学校の問題は深刻な状況が現にある。移転ができるなら、そのために政治がしっかり役割を果たさないといけない」との考えを示した。

ソテツ

基地と原発

「私の住む沖縄」

五の二　川田学

ぼくたちの住む沖縄は、
とってもとっても小さい島。
青い空
青い海
これに調和して
一年中変わらぬ緑。
このすばらしい自然の美しさは、
ぼくたちの自まん。
でも、悲しいことに

小さい島の大半は、
軍事基地で占められている。
すばらしい所は、
フェンスで囲われ、
そこにゆうゆうと
基地がそびえたち
主であるはずの沖縄の人たちは、
その片すみで、ほそぼそと
身をよせあっている。
ぼくたちの学校も
マリン基地と、となり合わせ
運動場をフェンスで区切られ、
向こうの基地は、ばかでかく広く、

ぼくたちの運動場は、
運動会もできないほどのせまさ。
飛行機は一度に何機も
校舎すれすれに飛び交う。
「ゴオウ、ゴオウ。」
ものすごい音を立て、
ぼくたちをいらだたせる。
先生の声がきこえず、
勉強が中断される。
大きな基地に向かって、
「出て行け。」と、どなる。
しかし、
ゆうゆうたる基地は、
びくともしない

今も頭の上を
飛行機が飛んだ。

（一九七七年度「そてつ」より）

本心は出て行ってほしいけど、簡単じゃない

住宅地図を頼りに普天間第二小の校区を歩き回っても、三十四年後の川田学さんの所在はつかめなかった。しかし、歯切れよい川田さんの詩作は何としても紹介したい。あきらめきれず、あてもないまま、気がつくと第二小に足が向いていた。

体育館横のクラブハウスに二十人ぐらいの保護者が集まって、卒業式の準備を手伝っていた。校長の許可を得て、作業中の保護者の人たちに声をかけさせてもらった。保護者も卒業生であるケースが少なくない。何らかの手掛かりが得られるのではないかと期待したからだ。

取材の意図を説明し、過去の「そてつ」から抜粋していた、現住所が不明の何人かの名前を順に挙げた。皆、作業の手を休めることはなかったが、真剣に耳を傾け、「聞き覚えのある名前だけど住所は分からない」などと反応してくれた。しかし空振りが続くと、次第に関心が薄れ、母親どうしのおしゃべりに戻る人もちらほら出てきた。そんな中、輪の

中心にいたリーダー格の女性が助け舟を出してくれた。人の良さそうな、世話好きな顔つきの女性である。所在を知りたい人の名前と卒業年次を私が告げると、よく通る大きな声で保護者に向かって繰り返しアナウンスしてくれたり、「あなたの学年と近いのでは」などと周りの人に声をかけてくれたり、皆の注意を惹きつける役割を担ってくれた。

私が何人目かの名前を挙げたとき、大爆笑に包まれた。意味が分からず呆気にとられていると、さっきまで私のフォロー役をしてくれていた女性が、小さくなって「それ、私の弟です」とつぶやいた。彼女は川田学さんの姉だった。

原発事故は決して人ごととは思えない

四四歳になった川田学さんは高校教諭をしており、妻綾子さんと一歳の長女真桜《まお》ちゃんとともに、宮古島市で暮らしていた。朝一便のプロペラ機で那覇から宮古島空港へ向かったのは三月十九日の土曜日。未曾有の被害をもたらした東日本大震災の3・11ショックが、いつ終わるともしれない深さで日本全体を覆っていた。

宮古島に立つと、肌を刺す日差しが痛かった。間もなく、待ち合わせたホームセンター前に、体格のいい川田さんが真桜ちゃんとともに笑顔で迎えにきてくれた。

川田さんは一週間後には、転勤のため沖縄本島への引っ越しを控えていた。週末の引っ越し準備の合間に、自宅アパートで時間を割いてもらった。

東日本大震災に話題が及ぶと、それまで穏やかに淡々と質問に答えていた川田さんが一瞬、色をなしたように映った。地震、津波、そして原発事故。三重苦の被害の中で、川田さんが怒りを募らせていたのは、原発事故に対する政府や東京電力の対応だった。

「住民の命や健康が最優先にされていない」。川田さんがそう憤る背景には、「世界一危険」な普天間飛行場の危険性を放置し続ける政府への不信感と連なる部分があるからだ。

「原発事故は決して人ごととは思えない」と川田さんは繰り返した。

水素爆発で原子炉建屋上部が吹き飛び、無残な姿をさらけ出した福島第一原発。ぞっとする光景がメディアを通じて刻々と茶の間に伝えられた。

「国は万が一のことを考え、最初からもっと広範囲の避難を徹底するべきだった。国民の命と健康を守る措置を最大限とるべきなのに、過小評価し、後手に回った」。川田さんは原発周辺地域への政府の避難指示の出し方に強い不満を抱いていた。「これでは周辺住民はかなり精神的につらいはず。恐怖心がわくのは当然」

政府は避難区域を福島第一原発から半径三キロ、十キロ、二十キロと徐々に拡大し、最終的に半径二十キロ圏内に避難、二十～三十キロ圏内に屋内退避（後に自主避難を促す）を指示した。どこまでが科学的根拠に基づき、どこからが政治判断なのかも分からない状況だった。「あれぐらいの避難指示でいいのか。屋内に待機しろと言われても、震災を被った地域で一日じゅう屋内にいるなんて不可能」

原発も米軍基地と同様、受け入れと引き換えの交付金や補助金で釣る「アメとムチ」で無理やり、地元に押し付けられたようなところがある、と川田さんは感じている。「周辺住民の命が危険に脅かされる状況は原発も普天間も同じ。普天間飛行場の安全性がないがしろにされている現状と重なって憤りを覚えた」と思いを吐露した。

危険性を知りながらも目をつぶっている状況

第二小時代の川田さんの思い出は基地にまつわることで占められている。「そてつ」の詩でも触れられているが、運動場の狭さは特に印象深いという。今はバレーボールの指導者として活躍している川田さんだが、小学生のときは野球少年だった。

「小学生が野球をするにも小さいグラウンドだった。ちょっと打てばフェンスを超えて打球が基地に入る」

ＭＰ（憲兵隊）の目を盗み、フェンス下の盛り土のすき間から基地の中までボールを拾いに入ったこともあるという。

川田さんは当時の実家も第二小同様、滑走路の延長線上にあった。学校でも自宅でも一日じゅう、ほぼ真上を軍用機が通過していく環境で育った。外で遊んでいるときも、無意識のうちに飛行機が通り過ぎるまで耳をふさいでいた。

「日常の爆音は心を不安定にする」

川田さんは小学生時代、自分に向かって米軍機が突っこんでくる夢に悩まされていたという。

川田さんが第二小時代、「そてつ」に発表した詩には、基地に向かって、「出て行け」と怒鳴る場面がある。これについて川田さんは「小学生としての憂さ晴らし。深い意味はなかった」と振り返る。大人になった今は、「デリケートな部分がある」という。

「沖縄が基地に頼らず、自立していく経済力があれば、そういうことは簡単に言えると思うが、現実はそうなっていない。本心は出て行ってほしいけど、簡単じゃない」

「基地」から糧を得ている人は、復帰から四十年を迎えようとする今も少なくない。基地との共生を余儀なくされてきた沖縄社会の現実から安易に目を背けることはできない。だ

自宅で家族とくつろぐ川田学さん（右）。現在は沖縄市に転居している＝宮古島市内

が、周辺住民に常時危険を強いる「普天間」は別だ、とも思う。

普天間中学、普天間高校から日本体育大学へと進学した川田さん。九六年の日米の普天間返還合意のときは、体育教師として宮古島に赴任していた。宜野湾市からは離れていたが、返還合意は「夢のよう」だったという。しかし同時に「すぐには無理だろうな」との懸念もあった。県内移設条件のハードルの高さは容易に想像できた。

川田さんには、普天間から基地がなくなるのはうれしいが、自分たちと同じ思いを辺野古の人にさせてもいいのか、というわだかまりがずっとぬぐえなかった。辺野古に移設されて「ああよかった」と言える宜野湾市民はいないはずだ、と思う。それでも自民政権時代には、県民がどれだけ声を上げても、政府は県外移設をやる気はないだろう、と諦観していた。

そのあきらめ感が〇九年の政権交代で一気に期待へと変わった。

「民主党のあの勢い、追い風の中でああいうこと(最低でも県外)を言われると、よしっとなって長年の胸のつかえが一気にとれた。遠慮なしに声に出して喜んだ。沖縄の人たちの心に火を付けた」

県外移設への期待は簡単には引っ込みがつかない。「辺野古回帰」はその分、民主党への大きな批判としてはね返る。「鳩山さんは罪ですよね」。川田さんはポツリとこぼした。日米の返還合意から十五年を経た今、普天間飛行場は「固定化」の懸念すら出ている。何がネックだったのか。川田さんはこう振り返る。

「日米の問題もあったと思うが、県民が一丸となって返還を求めればかなっていたかもしれない。沖縄にも基地と手を切りきれない現実はあったのかな」

稲嶺恵一、仲井真弘多両知事も、一期目は県内移設容認派として当選した。だが、県内移設では県民世論は一つになれない。

「それで結局、政府の言うことに今まで通り我慢して従うしかない、というあきらめ感の中でしか生きられなかった」

日米が米軍再編で新たな移設案を持ち込んだことで、稲嶺知事は二期目の任期途中で県外移設要求に転じ、仲井真知事も政権交代後の二期目の知事選は「県外移設」へと軸足を移し、当選した。

問われるのは政府の番だ。

「危険性を知りながらも目をつぶっている状況は政治家のやることじゃない。政治は国民の生命と財産を守る義務があるのだから」

安全神話が崩壊した福島第一原発の現状と、危険性を認識しながらも放置される普天間飛行場を重ね、川田さんはこうくぎを刺した。

原発と米軍基地

沖縄タイムスに転職する前、私は全国紙の北陸総局(石川県)に配属されていた。そのとき、原発立地への賛否を焦点とする市長選挙を取材した。前回選挙で不正があったとして最高裁で「やり直し」を命じられた、いわく付きの選挙だった。

総局のある県庁所在地の金沢市からは、高速道路を使っても車で片道三時間以上かかる能登半島の最先端の街だった。総局から通っていては仕事にならないため、市長選が終わるまでの一か月間ほど地元の民宿に泊まり込んで取材に当たった。

手の施しようのないまま、人口がみるみる下降線をたどるさまを、地元の人は「怖いくらいの過疎」と表現していた。が、海も山も空気も、私には贅沢と感じられるほど豊かな自然に恵まれた土地だった。

市長選は九六年七月。選挙期間中、反原発派の市長候補の事務所で、ネーネーズの「黄金の花」が流れていた。琴線に触れる詩とメロディだった。おかげで、能登で原発の取材にかけずり回りながら、沖縄のことが頭から離れなくなった。以来、私の中で原発と沖縄の米軍基地が内包する問題は二重写しになっている。

両者の類似点は端的に言うと、地元が背負うリスクや負担の代償として、自治体への交付金や雇用の場を提供し、地方の泣きどころである経済的な「アメ」をばらまくことによって、立地あるいは運営を維持していく手法にある。他地域からは「カネに目がくらんだ人たち」と蔑まれ、賛否に分かれることで住民どうし、身内の間でも亀裂が生じ、地域社会が分断されていく。立地予定地のターゲットにされるのは主に、もともと人間関係が濃密な地方で、かつ疲弊した過疎地域であるため、ダメージは大きく、しこりは容易に消えない。にもかかわらず、施設はその地域のためではなく、都市部の住民の安全や快適の維持、政治や経済の安定のために建設される。

無論、沖縄の米軍基地の場合、原発のように地元が誘致したのではなく、地元区が容認するかたちで造られたキャンプ・シュワブを除き、戦時占領や米軍統治下で強制的に土地を奪われて造成された歴史的経緯は決定的に異なる。地元市長も市議会も知事も県議会も反対する中、移設をごり押しする、今の普天間問題のようなことは原発の立地では考えられない。だが、九八年に沖縄へ来た当時の私には、移設というかたちで米軍基地の立地問題に揺れる名護市が置かれた立場は、原発立地に翻弄された能登の街と重なって映った。

しかし、本土の過疎地にしかない原発の問題を、沖縄で身近に感じる感覚を誰かと共有できる機会はごく限られていた。近くに米軍基地のない本土の人たちが、普天間問題を身近に感じないのと同じ理由だと思う。しかし、3・11がきっかけとなって、原発と基地問題を重ねて考えるようになった人は着実に増えているように思われる。川田さんとの出会いは、そうした変化の兆しを実感する機会にもなった。

産官学一体の圧力や利権のために原発推進のエネルギー政策を変えられなかった日本。安保で既得権益を得る官僚や「専門家」たちの保身と思考停止で日米同盟一辺倒の「対米盲従」でしか外交を論じられない歴代政権。背景に世論の無関心があるのも同根といえる。本来、安全保障もエネルギー政策も自分たちの暮らしと密接にかかわるのに、「特定地域の問題」として全国世論が深く意識しない構造がつくり出されてきた。

そこにはメディアの果たしてきた役割も決して小さくない。能登の原発取材では、別の全国紙記者が、自分たちは「反原発寄り」の記事は書けないので、と言って、人員の少ない私たちにこっそり情報を回すこともあった。国策が絡むと、メディアの内部は途端に窮屈になる。それは末端の記者にまで浸透するすさまじさだ。

「原子力ムラ」に大手メディアや地元マスコミが取り込まれ、安全管理を含むチェック機能が麻痺した中で福島第一原発事故は起きた。

事故後まもない時期の記者会見で、政府は放射能汚染に関して「ただちには健康に影響のないレベル」と繰り返した。テレビに出演していた学者たちも同様である。これに対して、会見場の記者もスタジオのキャスターも、「ただちに影響はないにしても、数十年先の発ガン性のリスクも含めるとどうなのか」という、国民が最も気になる質問を発しなかった。「ただちに影響があるかどうか」は急性放射線障害のリスクを負って短期集中的に処理作業に当たる原発作業員に対して向けられる基準だろう。周辺エリアで日常生活を送る住民が切望する判断材料は、継続的に放射性物質に触れることで内部被ばくするなどし、特に子どもが晩発性の障がいを負うリスクはどれくらいあるのか、ということだろう。危険性をあおってパニックを招くのはよくない、とメディア側が自己規制したのだとしたら大間違いだ。国民の知りたい情報を伏せて、政府側に立つメディアのスタンスは、「原子力ムラ」と一心同体ととられても仕方がない。深刻な状況下で、政府の情報もマスコミの情報も信じられない、というのは国民にとって不幸である。

原発に関しては私自身、今も新聞記者という職業に籍を置きながら、能登の現場で経験したことを生かしきれず、問題意識をもって継続的に発信することを怠ってきた。どれだけ微力であっても果たすべき職責はあったはずだが、見て見ぬふりをし、知らぬふりをし、今回のような事故が起きるまで原発を黙認してきた一人なのだ。その自責の念からは逃れられない。

共感するために必要なこと

大手メディアの行状は、政権交代後の普天間問題でも踏襲されてきた。「最低でも県外」という鳩山由紀夫首相の方針を無残に打ち砕いたのは、鳩山氏本人の意志の弱さや官僚の抵抗だけによるのではなかった。「日米同盟にひび」などとあおった大手メディアの論調も少なからず影響した。一〇年十一月の沖縄県知事選挙後も、名護市辺野古への移設は「実現不可能」とのシグナルは、「沖縄内部の声」という扱いにとどめられ、政府には「沖縄の理解」を得るよう努力を促す論調が主流だ。むしろ、辺野古移設の実現性に強い疑問を投げ掛け、移設の根本的な見直しの必要性を提起したのは米国議会の重鎮の上院議員たちだった。(注7)

辺野古移設に固執し、閉鎖・返還が実現しないまま、普天間飛行場で事故が再発する事態となれば、原発事故同様、紛れもない人災である。大手メディアはそのときになって、というかその時点でもなお、しゃあしゃあと政府を批判するだろうが、果たしてそれはメディアとして責任ある態度といえるだろうか。日米が「辺野古移設に固執したことが誤りの元凶」であることを認め、その点を政府に追及し、早急に代替策を練るように迫る十分な論陣を張れなかったことへの内省が含まれない限り、沖縄側から見れば自己欺瞞としか映らない。普天間問題に関して責任能力のある当事者は、今なお政府内に不在だ。そのことに意識的な報道こそ求められている。

一方、一部メディアの間では、普天間問題がこじれるにつけ、沖縄を「特別視」し、あたかも問題をつくりだしているのは沖縄側だ、との主張も少なくない。

しかし、福島第一原発事故は、国策によって問題を抱える地域どうしが痛みを共有し、互いの無関心の壁を取り払うきっかけにもなり得る。福島第一原発事故という前代未聞の惨事に直面しなければ、川田さんもインタビューで吐露したような原発事故の被害者への強い共感は抱かなかったかもしれない。共感するために必要なのは、ほんの少しの想像力と確かな情報へのアプローチだろう。

国策であっても、それを動かしているのが生身の人間である以上、「絶対」はない。能登半島の街の原発立地計画は九六年の「やり直し市長選」から七年後、電力需要の伸び悩みなどを理由に、電力会社の側から自治体に凍結を申し入れた。「地元の意向」は国や電力会社にとって都合のよいときだけ利用され、いざというときはいとも簡単に切り捨てられる。沖縄の米軍基地も同様なのは言うまでもないだろう。

（注7）米国議会の上院議員たちの提起　軍事・外交に大きな権限をもつ民主党のレビン軍事委員長、2008年大統領選挙の共和党候補者でベトナム戦争の英雄だったマケイン軍事委員会委員、海兵隊出身で海軍長官を務めたウェブ外交委員会東アジア太平洋小委員会委員長の超党派の米上院議員3人が2011年5月12日、①辺野古移設は実現不可能②普天間飛行場は返還し、同飛行場の海兵隊航空部隊は嘉手納基地に統合する―などを提言する声明を発表。米上院軍事委員会は6月17日、普天間移設について目に見える進展を議会に提示しない限り、今後、在沖海兵隊のグアム移転の支出を認めないことで合意した、と発表。同30日、米上院歳出委員会は2012会計年度（11年10月～12年9月）の歳出法案を可決、在沖海兵隊のグアム移転費として米政府が要求していた約1億5千万ドル（約121億円）の支出を認めなかった。

NAVY

この環境を見てもらいたい

川田学さんの現住所の手掛かりをつかもうと、すがる思いで立ち寄った普天間第二小で偶然出会ったのが、先に紹介した姉博美さん（四九）だ。

博美さんは第二小の創立とともに入学した。二七歳の長女から新学期で小学三年生になる四女まで、四人の娘も全員、母子二代にわたって第二小育ちだ。卒業間近の三女有紗（一二）さんとともに、第二小で話を聞いた。

博美さんは、五年生のときの授業中の光景が脳裏に焼き付いている。米軍機が学校の上空を通過した際、「ガガガガ」と尋常でない反響音がした。騒音に慣れた児童たちも、このときばかりは、何ごとか、と教室の窓から身を乗り出して屋上を仰いだという。

「今思えば、その後、ニュースにもならなかったので、何も起きていなかったのかもしれないが、あのときは、屋上のタンクにでもかすったのだろう、くらいに思っていた」

驚くのは、そう思いながらやり過ごしていた、という事実だ。

「それぐらい、米軍機が近くを飛ぶのは当たり前だった」

インタビューのずっと後、写真撮影のため第二小の屋上に立ち入らせてもらった。そのとき、四隅に配置されたポールの先端部に赤色灯が取り付けられているのに気付いた。宜野湾市によると、第二小の新校舎建て替え時、基地との距離があまりに近いことに危機感を抱き、夜間や天候不良で視界の悪いときなどに米軍機の目印となるよう、安全対策の一環として市の判断で据え付けたのだという。博美さんの記憶に残る「幻の接触事故」は、この赤色灯のおかげで「幻」で済んだこともあったのかもしれない。そう考えると、今さらながらぞっとした。この赤色灯は今も現役で作動している。

博美さんは普天間中学、普天間高校を卒業後、沖縄市内の経理専門学校へ進んだ。この間、ずっと宜野湾市野嵩の実家から通った。その後、両親は沖縄市に引っ越したが、博美さんは結婚後、元の実家に近い普天間に戻った。現在、自宅近くの、夫が経営する建築会社で経理の仕事をしている。博美さんのきょうだい二人も、同敷地内の集合住宅で軒を連ねて暮らす。騒音がひどくても普天間で暮らすのは、気心の知れた近所の人もいる、慣れ親しんだ元の実家近くが一番落ち着く、というのが理由だ。

第二小で博美さんは、有紗さんのPTA学年会長を務めた。「普天間問題」が政権を揺るがした昨年。PTAの会合で担任教諭から投げられた言葉が今も胸に刺さっている。

教室での会合の途中、すぐ間近を米軍機が飛んだ。何もなかったように議論を続ける保護者たちに、教諭が思わず、「この音に何とも思わないのか」と口をはさんだ。そう言われて、騒音にならされてきた自分に、はっと気付かされた。自分たちは普天間飛行場の危険性を肌で知る当事者だ。「これを当たり前にしてはいけない」と肝に銘じたという。

有紗さんに今の第二小での授業の様子を尋ねると、こう教えてくれた。ヘリが通過したとき、「先生は耳をふさぐけど、(児童たちは)何もしないで普通に聞き流す」。

ただ、夜間の飛行にはさすがに閉口する。有紗さんは「眠ろうとしても飛行機がきたら眠れなくなる」と嘆く。博美さんも「午後九時や十時の飛来が普通にあるので、ちょっとやめてくれないかという思いになる」と苦々しく語る。夜になると、周りの音が静かになるので余計に騒音が際立つ。

基地による教育や仕事への弊害を、博美さんは身をもって体験してきた。

「授業の途中で騒音が入り、その都度、ちょっと後戻りする。集中力が一度途切れると、元に戻るのに子どもの力では何分もかかってしまう。先生の言葉を全部耳に入れるのは、かなり困難」

育児中も、米軍機が飛来すると、反射的に娘たちの耳を手で覆っていた。大事な数字を扱う経理の仕事中も、電話のやりとりのさなかに騒音が入ると常にリターンを迫られる。

ともに普天間第二小出身の博美さん（左）と三女有紗さん＝同小

ただ、こうしたことが日常のものとなり、理不尽さを意識しないでやり過ごしてきたのも事実だ。失礼を承知で、四人の娘を第二小に通わせることに抵抗はなかったのか、博美さんに尋ねてみた。

「正直マイナス面はあまり考えなかった。私もこっちでずっとならされてきているから。ただ、ここに住んでいる限りはこの小学校に、という思いがある。母校として愛着もある」

遠慮がちにそう答える博美さんに接し、質問したのを悔やんだ。基地のせいで希望の学校に通えない、ということになれば、それこそが理不尽である。

日常の基地被害を直視するようになった博美さんに、政府に訴えたいことを問うと、「もっと現実を見てほしい」と即答した。「子どもたちの現状を見てほしい。子どもたちの、この環境を見てもらいたい」

普天間飛行場の当面の固定化を見据え、周辺の学校や病院を移転させるべきだ、との声が政府や民主閣僚らの間で公然と上がることに、博美さんは「ふざけている」と憤慨する。「市内はどこも似たり寄ったりで基地に近い。安全なところはない」からだ。

「基地が市街地の真ん中にあること自体がおかしい。基地こそ離れたところに移すべきなのに。なぜそのことに、もっと真剣に向き合わないのか」

どっちがいいのか答えはまだまだ出せない

九六年に日米が普天間飛行場の返還で合意したとき、博美さんは「私たちが知らないところで突然決まった。ああそうなんだ」とクールに受け止めた。それから十五年。普天間飛行場が動かない最大のネックを、博美さんは「県内も県外も受け入れ先がないから」、有紗さんは「(移設先に)反対されるから」と躊躇なく答えた。「移設条件付き」の返還合意が、スタート時点で無理があった、ということになる。

「そてつ」には掲載されていないが、有紗さんは六年生のとき、「基地問題について」と題した作文にこうつづっている。

五月四日、この普天間第二小学校に、鳩山総理がやってきました。それまでは「普天間基地は、必ず県外に移設します」と発言してきたはずなのに、それはうそでした。結果は「県内」ということでした。私はショックでした。この基地移設に約八百名の小学生の命がかかっているというのに。

昨年（一〇年）五月、鳩山由紀夫首相が第二小体育館を訪れ、住民らに県外移設断念を報告し、「県内回帰」に理解を求めた。有紗さんは「結局、県外移設ができないのに、何しに来たの」と冷ややかに見ていた。ただ、有紗さんは鳩山首相が「最低でも県外」を掲げたときから、期待しつつも「こうなるかな」と予感していたという。

一方、博美さんの基地に対する思いは複雑だ。

「基地はなくてもいいのかなとは正直思うが、なくなったら沖縄の人たちはどうなるのかとも考えたとき、どっちがいいのか答えはまだまだ出せない」

博美さんの二二歳の次女は基地従業員として勤務している。

英語好きの次女は語学専門学校を卒業後、語学力を生かした仕事に就きたい、と話していた。最初は、ホテルや旅行会社を志望していた。が、専門学校の同級生が、基地内就職を果たしたと聞き、志望先に加えた。次女から相談を受けた博美さんは、基地従業員にチャレンジすることを歓迎した。「いわば準公務員。入れるんだったらラッキーじゃない」と背中を押した。娘が基地で働くことへの抵抗感はなかった。

「民間の会社は先行きどうなるか分からない。（基地従業員は）職場として安定しているし、かえって安心感があった」

基地があるから雇用がある。娘だけでなく、県内で一万人近くが基地内で働いている。軍用地料をもらって生活している人もいる。

「そういうことを考えると、一概に(基地に)バツではない」

有紗さんの作文にはこんな下りもある。

私の姉は、基地の中で働いています。基地がなくなると、失業します。私は基地に反対する気持ちと、姉のことを考えたとき、基地がなくなると困る人が出てくると思うと、複雑な気持ちです。私たちのまわりには、そういう人が多いと思います。本土の人々には、沖縄の人たちのこの気持ちは、伝わっているのでしょうか。沖縄だけではなくて、本土にも、平等に基地をおけばいいのに、と思います。

「本当は、基地はない方がいい。娘の就職先ということとは別にして」

基地の街の現実を肌で知る当事者として、博美さんは生活に深く溶け込んだ基地を、ただ突き放すことはできない。

「普天間飛行場」

五の五　池原武司

みなさんは、飛行場についてどういう考えを持っていますか。うるさい、とても不安であるなどいろいろあると思います。まず、あのうるさいばく音です。勉強中に飛行機がとんでばく音が聞こえた。ぼくは、あわてて耳を手でおさえた。まわりを見ると平気でぽかあんとしている人もいる。もうなれてしまって、とてもどんかんになっている。これでよいだろうか。もう一つ気になるのは、つい落事故のことです。二カ年前の夏休みに、学校の近くで飛行機が落ちたニュースを見て、とてもこわくなって学校には、行きたくなくなるほどこわくて不安な気持ちでした。

このようにいろいろといやなこと、不安なことがあります。でもこれだけではありません。

三年生の時、先生から聞いた話で、何年か前、大山では普天間飛行場から石油が流れこんで田いもを作っていたのがだめになったそうです。

食物にまでひ害をうけていたとは、みなさんは、知っていたでしょうか。きっと知らなかったでしょう。

次は飛行場のある位置です。面積はだいたい宜野湾市の半分ぐらいをしめています。位置は、宜野湾市のちょうど中央にあって、普天間から大謝名に行くとき、飛行場があるため、まわり道していかないといけないのでとても不便です。

また、あんパンでたとえると、ちょうど、おいしいあんの入っている所だから、あんパンの真中だけをぬかれてしまったドーナツのようなものです。

そのため、交通や土地利用にしてもたいへん不便です。

普天間飛行場がなくなったら、沖縄市営球場にもおとらない、球場や公園、いこいの広場などもできるだろう。

私たちの不安や命を守るために、普天間飛行場やその他の基地もなくしていくべきだと思います。


（一九八五年度「そてつ」より）

基地が生活と密着しすぎて抜け出せない

池原武司さん(三六)は現在、沖縄市内で妻貴子さんと二児の四人暮らし。金武町の介護老人保健施設で作業療法士として勤務している。

第二小時代の普天間飛行場にまつわる思い出は枚挙にいとまがない。フェンスのすき間から基地に入って遊んだこともある。MP(憲兵隊)に追っかけられた友だちもいた。「生活の場に基地があるから、遊びの一部になっていた。それでも、なくなってほしいという思いはあった」

「そてつ」の作文には、「普天間飛行場がなくなったら、沖縄市営球場にもおとらない、球場や公園、いこいの広場などもできるだろう」と返還後の跡利用への夢も記されている。これは第二小のグラウンドの狭さに対する日ごろの鬱屈した思いの裏返しだったようだ。「野球をやるにも校庭のすぐそばが基地のフェンスで使い勝手が悪かった。運動会も、校庭が狭いので校外の第二運動場まで歩いていく。広い空間にあこがれがあった」と池原さんは振り返る。

私たちの不安や命を守るために、普天間飛行場やその他の基地もなくしていくべきだと思います。

基地の全面撤去を求める「そてつ」の作文の末尾を、今読み返してどう思うかを問うと、池原さんは「個人的には今もそういう(基地反対の)思いはあるが、そう単純には言えない」と慎重に言葉を選んだ。基地従業員など生活に直結する人も身近にいる。そういう人たちの立場も考えると、単純に「基地をなくせ」とも言えない。「矛盾するかもしれないが、白か黒かと聞かれたら、はっきり言えない部分もある」と吐露する。

池原さん自身、基地従業員を志望した時期があった。

琉球大付属中、普天間高校、琉球大短期大学部の英語科へと進んだ。基地従業員を志向して英語科を選んだわけではなかった。が、就職の時期になると、先輩たちから県民の平均所得を大幅に上回る給与や、充実した福利厚生など「国家公務員並み」といわれる基地従業員の厚遇ぶりを聞かされ、自ずと志望先になった。

基地従業員応募の窓口である駐留軍等労働者労務管理機構に、かつては県内で二万人を超える応募者が殺到した。定期募集の受け付けには長蛇の列ができた。

池原さんも短大卒業後、数年間は県の臨時職員などとして勤務する傍ら、同機構に毎春、履歴書を提出し続けた。面接までこぎつけたこともあったが、結局採用には至らなかった。

貴子さんと出会い、結婚を意識したことが、基地内就職を断念する転機となる。「安定した正規雇用の仕事を」と考え、福祉関係の資格取得に励み、現在の勤務先で正職員の地位をつかんだ。

「軍雇用はインターネットでの応募になり、本土の就職希望者とも競合し、間口は以前より狭くなっている。一方で、事業仕分けの対象にもなって厳しい状況だと聞く」。そう認識する池原さんは、「福祉関係の資格もとったので、今は基地従業員を志望しようとはまったく思わない」と明言する。

政権交代後の行政刷新会議の事業仕分けで、米軍基地従業員の給与水準が「見直し」の対象になった。県内でも、嘉手納基地より南の基地返還や在沖海兵隊員の削減が日米で合意されるなど、基地従業員をめぐる環境は不透明感を増している。

九六年の日米の普天間返還合意から十五年。池原さんは「もうそんなに経過したのか」との感慨を抱きつつ、さらに長期化するのでは、とも予感している。

「結局、本土のどこも受け入れない。沖縄の負担は分かってはいるが、このまま沖縄県内でお願いしようというのが、政治家や本土の人たちの本音かなと思う」

沖縄の実相が、「本土」になかなか伝わらないことへのいら立ちも募る。

「お金をもらって薬漬けにされているような状況と、そこから抜け出したいという人たちの葛藤もある。基地が生活と密着しすぎて抜け出せない、沖縄の人の複雑な苦しみも理解してほしい」


相反する複雑な感情は、本土にはなかなか理解されにくい

基地従業員や軍用地主、米軍相手の商売をしている人々にとって、基地返還は一人ひとりの生活に直結する問題だ。切実な問題を抱える個々の当事者に、基地は返還された方が経済効率は上がるという数字をどれだけ並べても、十分な説得力をもつとは限らない。誰だって生活を不安定にしたくないし、生活レベルを落としたくはない。不透明な将来のことより、今が一番大事だ。

四人暮らしの池原武司さん一家＝沖縄
市内の自宅

基地所在市町村に支給されている各種交付金や補助金以外に、本土復帰以降、実施されてきた「沖縄振興」も、表向きの制度上のリンクはともかく、実態として基地を維持するための「装置」として機能している面も否めない。

戦後二十七年間の米軍政下でのインフラ整備などの遅れを取り戻すため、七二年の復帰と同時に導入された「沖縄振興開発特別措置法」は、現在「沖縄振興特別措置法」に名称を変えながらも、途切れることなく、四次にわたって四十年間、継続されている。同法に基づき、沖縄では土地改良や道路、港湾、埋め立て事業などあらゆる公共工事に適用される高率補助が導入された。これまでに県内に投下された約十兆円の振興予算のうち、八割超が公共事業関係費だ。復帰から約四十年を経て、インフラ整備は鉄軌道を除けば、すでに他県に劣らないレベルとなっているが、「沖縄の特殊事情」に鑑み、本土で適用されている個別立法のすべての優遇措置を沖縄に適用する「高率補助制度」が維持されている。

他県にはない特殊事情とは、「米軍基地が過度に集中していること」にほかならない。国発注の大型公共事業から得られる利益の大半は、本土のゼネコンなどに還元される「ザル経済」であるとの指摘を長年受けながらも、県内の企業も下請けなどで少なくない恩恵を受けているのは事実であり、容易には公共工事と縁をきれない。業種転換は進んでいるとはいえ、まだまだ建設業の比率が大きい沖縄で、公共工事の減少は企業の倒産件数や失業率の増加に直結する。

本土復帰時、沖縄振興開発特別措置法と併せて、酒税軽減措置などを盛り込んだ復帰特別措置法が制定された。当初、五年間の時限措置とされた軽減措置は、今なお延長が繰返されている。近年は知事選の結果を待って、「政治決着」で延長が認められるケースが続いている。政権交代前までは、普天間問題で県内移設に理解を示す候補が知事に当選したことが、延長の決定打となってきたが、今後はどうなるのだろうか。

高率補助にしろ、税制上の特例にしろ、こうした制度の恩恵に浴する県民層は、基地から直接利益を得ている基地従業員や軍用地主よりもさらに広がる。そうなると、家族の暮らしのため基地は当面維持した方がいい、という論理が通りやすくなる。そうした意識は沖縄で今なお根付き、重要局面で政治を動かす力になることもある。

だが一方で、県民の多くは素朴に「基地はなくなった方がいい」と考えているのも紛れもない事実だ。この相反する複雑な感情は、本土にはなかなか理解されにくい。「二枚舌」と映ることもある。

原発と相似する米軍基地問題

だがこれは、沖縄特有のことではない。福島第一原発事故後も、全国の原発立地自治体からの単純な「反原発」の声は決して多数には膨らまない。その土地で根を下ろして暮らしていくために、「原発」を誘致したり、「米軍基地」との共生を受け入れたり、究極の選択と向き合ってきた人々のメンタリティーは決して理路整然と体裁の整った、無垢なきれいごとだけでは済まされない。理屈では割り切れない支離滅裂な部分もある。しかし、当事者たちにとっては、その土地で暮らし続けたい、というシンプルな欲求を満たすために選択したのであって、目の前に並べられた選択肢の一方がたまたま「究極の迷惑施設」であったにすぎない。彼らにとっては、「ほかに選択肢がなかった」「そうせざるを得なかった」という必然性がある。もしくは、それが「究極」であるという自覚や、そうした状況に置かれることが「異常」であるという認識すら失っているかもしれない。

池原さんの言う、沖縄の「複雑な苦しみ」は原発立地自治体も共有している。沖縄における「お金をもらって薬漬けにされているような状況と、そこから抜け出したいという人たちの葛藤」もまた、原発の交付金漬けにされている自治体住民と精神構造は相似をなしている。

さらに、原発はいったん受け入れると、立地から時間が経過するにつれ、現状肯定派が増え、住民は交付金や、雇用、振興策の「薬漬け」にされていくのが一般的だ。地元の同意を得て、原発が同じ地域に二、三、四号機と次々に増設されているのが、そのことを如実に示している。一度のまされると、それなしでは自立していけないという強迫観念から抜け出せなくなる。まさに池原さんの言う「生活と密着しすぎて抜け出せない」状況にはまっていく。

しかしそれは、真の自立からはますます遠ざかっていく悪循環だ。そのことは原発や米軍基地を立地していない自治体の方が客観的に認識している。だからどれだけ財政状況がひっ迫しても、過疎化が進んでも、原発や米軍基地の誘致には容易に名乗り出ようとはしない。このため、新たな原発立地に名乗りを挙げる自治体はたいてい、必然的に既存の立地地域のみとなる。普天間飛行場の移設先もしかりだ。沖縄県内を含め全国のどの自治体も普天間代替施設の受け入れを拒む中、国頭村安波区で「誘致」の動き(注8)が浮上した。これだけ米軍基地に翻弄され続けている沖縄で、なぜか、と沖縄県外の人たちは首をひねるかもしれない。あるいは、やはりこれが沖縄の地域性だ、と訳知り顔の人もいるかもしれない。が、これも沖縄固有の現象でないことは、原発立地の実態と照らし合わせれば分かりやすい。

国頭村も米軍基地の所在市町村だ。誘致の理由は、過疎化が進む同区の地域振興だ。背景には、原発同様、過疎地の悲哀があることを痛感せずにはいられない。誘致を進める住民は、移設の見返りとして沖縄自動車道の延長や区全戸への補償金などを提案している。補償金を受け取るのは自分たちだが、基地被害は子や孫の代まで押し付けることになる。誘致派は「地域のため」と唱えるが、その恩恵は自分たちの世代が享受するという自己本位な論理が垣間見える、と批判するのはたやすい。が、補償金というあまりにも素朴なかたちで政府の「アメ」にすがろうとする姿勢は、むしろ痛々しい。地区内の亀裂を恐れて口をつぐむ人たちの心情も容易に察せられる。

とはいえ、普天間問題のネックとなっている本質的な構造を鑑みたとき、マイナス面の影響を指摘しないわけにはいかない。やはり普天間の移設先は沖縄しかない、という確信を日米に与え、政府が県内移設に固執する格好の補強材料として利用される可能性があるからだ。そうなると、普天間の固定化はますます長期化する。

辺野古移設という固定観念と米国追従の姿勢から抜け出せず、思考停止のまま普天間飛行場の危険性を放置する外交・安全保障政策に根付く官僚文化は、必要悪と知りつつ、原発依存を続け、後世につけを回してきたエネルギー政策のそれとそっくりだ。しかし、国のエネルギー政策が絶対ではないように、基地政策も絶対ではない。

米軍基地に関しては、安全保障や日米関係という国家間レベルの政治色の濃いテーマと密接に絡んでいることが、問題を一層複雑化させる要因になっている。裏を返せば、沖縄の人々の暮らしは、ときの日米政府の政治判断や国際情勢によって左右される不安定な状態に置かれている、ともいえる。

普天間飛行場だけでなく、米軍基地は沖縄側の希望がどうであれ、いつかはなくなる。そのとき、政府が沖縄に特別な恩恵を付与する政治的メリットは消え、米軍は跡利用のことなど歯牙にもかけないでとっとと出て行くことだろう。そこに気付けば、「基地ありき」の思考から抜け出さないと、不利益を被る当事者は県民自身、自分たちの子や孫の世代であるのは自明だ。

「基地リスク」は、米軍機の墜落や騒音、米軍人関係者の事件事故だけではない。基地が突然なくなるリスクも含まれることを肝に銘じなければならない。

基地従業員を断念した過去を、池原さんが今、胸を張って振り返るのは、別の道で人生を切り拓き、家族の暮らしを守り続けてきた自負があるからだろう。同様に将来、基地との決別を、自立へのターニングポイントだった、と語ることができる沖縄であれば素晴らしい。普天間飛行場の返還が、その第一歩となることを願わずにはいられない。

（注8）国頭村安波区の「誘致」の動き　同区は2011年6月10日、区民総会を開き、地域振興策を条件に米軍普天間飛行場を受け入れる「安波案」をめぐり、区長ら推進派が提案した「受け入れに向けて政府と交渉すること」について採決。人口170人余のうち、委任状(37人)を含めた125人が投票し、賛成が75人で反対の50人を上回った。宮城馨国頭村長も移設に反対しているが、推進派は「安波案」に関心を示す国民新党の下地幹郎幹事長を頼りに、区の「賛成多数」を携えて国との交渉に臨むシナリオという。

近くて遠いフテンマ

「普天間第二小学校」

五の四　比嘉ムツ子

私が、普天間第二小学校という題をつけたきっかけは、この一年間で大きくかわったことやよい点などを一つ一つとりあげていき、思い出として残そうと思ってこの題をつけました。

私は、いつか沖縄タイムスの新聞で緑のある学校ということを読みました。それには、いろいろな緑や自然のある学校がいろいろかかれていました。それにくらべると、私たち普天間第二小学校は、まだまだ緑や自然が少なく思われます。これからは、緑や自然を愛し、みんなの力で明るく緑のある学校にしていきたいと思う。でも放課後、うら庭の花園をみてみるとだんだんチューリップやヒアシンスなどの花がたくさんさいて「きれいだなー。」とつくづく感じます。

次に、私たちの学校のとなりには、軍の飛行場があります。そのため授業中や朝会のとき飛行機やヘリコプターのばく音のために、私たちの授業が、じゃまされ先生のお話や友だちの意見も聞きとれない状態が毎日続いています。だから飛行場なんか一日も早くなくなればよいと思う。

この一年間、大きくかわったことは、遊び道具のつりわやブランコなどがふえてきました。そのために、みんななかよく遊ぶ人が大ぜいふえてきました。

それから今、A校舎の近くでは、新しい幼稚園の校舎の工事をしていますが、私の妹がはいるまでには、まだ完成しそうもないので残念だと思う。しかし一日も早く完成したらいいな。

でもこれからも、明るく元気な学校生活を送りたいと思います。

（一九七三年度「そてつ」より）

まさかまだ基地が存在しているとは思わなかった

記念すべき「そてつ」の第一号に作文が掲載された比嘉ムツ子さん(四八)。現在、ホームヘルパーとして働きながら、夫と一三歳と一五歳の二児の家族四人で北中城村に暮らしている。

比嘉さんの連絡先を教えてくれたのは、川田学さんの姉博美さんだ。第二小時代の同級生だという。

比嘉さんは当初、取材を受けることに強く抵抗した。顔写真も掲載したい、と申し出ると、とんでもない、という感じになった。後に打ち明けてくれたが、新聞に名前や年齢、顔写真まで出るなんて恥ずかしくて周囲に顔向けできなくなる、という思いだったとのこと。テーマも「基地問題」という政治的な内容となれば、戸惑いが生じるのは無理のないことだったかもしれない。

が、最終的に取材に応じる気になったのは、同級生の博美さんが実家にまで足を運んで自分を探してくれた思いを裏切りたくなかったのと、断れば「そてつ」に書いた小学生のときの思いを自ら否定することになる、とのジレンマと向き合って奮起したのだという。自宅での取材を約束したときの比嘉さんの不安そうな口ぶりから、私の方も、不用意に根掘り葉掘り質問すると、警戒されるのではないか、との懸念がつきまとっていた。それで恐る恐る比嘉さんと向き合った。しかし、比嘉さんは一つひとつの質問に、ひるむことなく正面から向き合って率直に答えてくれた。覚悟を決めてインタビューに臨んでくれたことが段々と伝わってきた。

向こうの人はたぶん受け入れない

児童数が増え、マンモス化した普天間小から分離し、六九年に開校した第二小。比嘉さんは二年生のときに普天間小から第二小へ転入した。

第二小の思い出は「ほとんどが普天間飛行場にかかわること」という。教室の窓から外を見ると、目線と同じ位置を米軍機が飛んでいく。激しい騒音で、授業はひんぱんに中断した。特に記憶に残るのは避難訓練だ。

避難訓練といえば通常、火災や震災を想定して行われる。が、第二小は航空機の墜落事故を想定した避難訓練だった。子どもも心にも違和感があった。「なんでこんな避難訓練をしないといけないんだろう」とけげんに思った。第二小では今も米軍機墜落を想定した避難訓練が毎年実施されている。

普天間中、普天間高を卒業後、大阪の保育の専門学校へ進んだ。本土で基地問題を意識することはなかった。三〇代になって普天間の実家に戻り、数年間、宜野湾市真栄原で保育士の仕事に就いた。そのとき、子どもたちのお昼寝の時間もお構いなしに飛来する米軍機の壮絶な音に驚き、思わず乳幼児たちの耳をふさいだ。ずっと忘れていた基地被害の異常さが、一瞬にしてよみがえった。

その後、夫の仕事の都合で東京へ出た。約十五年前に沖縄に戻り、夫の実家のある北中城村に居を構えた。日米の普天間返還合意はちょうどそのころ。返還合意の知らせを聞いたときは「一歩進んだかな」と思った。が、その後は移設をめぐる曲折が続き、「経緯がよくのみこめなかった」という。

政権交代には期待した。「普天間はもう撤去されるものだ」と思った。ただ、県外移設には一抹の不安も覚えた。本土に約十年間、暮らした経験から「向こう(本土)の人はたぶん受け入れない」と直感したからだ。戦後二十七年間、米軍統治下にあった沖縄。「この

本土で暮らした経験から普天間問題を語る
比嘉ムツ子さん＝北中城村内の自宅

経験を経ていない本土の人との感覚のずれは大きい」と肌で感じていた。

本土で暮らしているとき、基地問題が周囲で話題に上ることはなかった。安全保障の問題や基地被害の実情を現実問題として受け止めるムードはなかった。

比嘉さんの予想通り、鳩山政権時に浮上した県外の移転候補先は、具体的な機能や規模の議論に入る前段で、住民の猛烈な拒絶反応に遭い、浮かんでは消えていった。

「普天間の固定化」が長引く気配に危機感

比嘉さんは「そてつ」に作文を書いたときの思いをこう振り返る。

「自分がこの年齢になって、まさかまだ基地が存在しているとは思わなかった」

基地と隣接する学校が存在することは「あってはならない」と小学生当時から感じていた。

数年前、次男が所属する少年野球チームの練習試合が第二小で行われた。比嘉さんは応援のため、卒業以来初めて第二小を訪れた。このとき、「まだあるのか」と絶句した。基地のフェンスが、今も校庭の風景の一部として存立していた。怒りを通り越し、悲しい思いがした。

九歳のときに沖縄が本土復帰した。復帰すれば、いずれ基地はなくなるものと信じていた。「あんな場所に軍の飛行場がある異常な状況は、一時的でなければ許されるはずがない」と子ども心にも思っていた。

本当はグアムでも本土でも辺野古でもなく、基地自体なくなるのが最善と願う。普天間飛行場の固定化は「最悪。一番怖い」と危惧する。

しかし現実は、普天間飛行場の当面の固定化は避けられないことを念頭に、政府や民主党内で普天間第二小学校や病院など周辺の公共施設の移転を検討する案すら浮上する事態となっている。そのことに、比嘉さんは「おかしい」と異議を唱える。「出て行くのは基地が先」だと思うからだ。今も普天間の実家には、七三歳になる母親が一人で暮らしている。危険と隣り合わせの環境であっても、長年住み慣れた土地を離れたがらない母親の思いはよく理解できる。

政府には「辺野古に、という思いにとらわれすぎる。もう一度ゼロから考えてほしい」と伝えたい。だが、「白紙に戻すと、それだけ普天間がなくなるのに時間がかかる。返還が遠のく」とのジレンマもある。とにかく「早く撤退してほしい」と祈る思いだ。

比嘉さんには岩手県で所帯をもつ八歳下の弟がいる。弟も第二小の卒業生だ。東日本大震災で被災しながらも、運送会社に勤務する弟は不休で被災地への支援物資の輸送を続けている。

米軍は「トモダチ」の作戦名で被災地での大規模な救援活動を展開した。(注9)在沖海兵隊もヘリ部隊を緊急派遣し、強襲揚陸艦が補給支援に当たった。この際、在沖海兵隊が「普天間飛行場の重要性が証明された」と発表したことが、沖縄の地元紙に掲載された。災害支援を利用し、現施設の有用性をアピールする姿勢に、比嘉さんは「そういう言葉が出ることに怒りを感じる」と憤りを隠さない。

比嘉さんの弟は、精神的にも肉体的にもつらい状況下で、地元の人たちと懸命に復興に励んでいる。震災と津波の被害に加え、原発事故の三重苦にあえぐ被災地に思いをはせながら、比嘉さんは今、こう思う。「必要な電力は本当に原発でしか賄えないのか。代替エネルギーはないのだろうか」。政治の場でもマスコミの論評も、原発も米軍基地も必要という前提で語られることに、比嘉さんは首をひねる。「原発のコストも、米軍への思いやり予算(在日米軍駐留経費負担)も、これだけの予算を費やすだけの価値が本当にあるのか」。在日米軍駐留経費負担に関する新たな特別協定案も、同予算を震災復興に回すべきだ、との一部野党の主張は退けられ、三月末に参院で可決した。

政府が未曾有の大震災や原発対策に追われる中、普天間問題は「置き去り」にされる懸念がかつてないほど高まっている。

「政府の一日も早い被災地への適切な対応を望みたい。それと同時に、普天間問題がないがしろにされたり、停滞することのないよう、前向きに進めてもらいたい」

弟をはじめとする被災者の身を案じ、有効な被災地支援を切望する比嘉さんは、「普天間の固定化」がさらに長引く気配に、危機感を募らせている。

インタビューを終え、比嘉さんの芯の強さと問題意識の高さが印象に残った。比嘉さんはこれまでも、そして今後も、自らメディアにアプローチして「普天間問題」について語ることはおそらくないだろう。日常生活でも基地問題が話題になる機会はほとんどないかもしれない。だからといって、普天間問題に無関心というわけではない。むしろ沖縄ではそういう人たちの方が圧倒的に多いことに気付かされる。普段は決して声高に主張しない人たちの思いの中にこそ、真の世論が潜んでいるように思う。

新聞での記事掲載後、比嘉さんのもとには、友人知人からメールや電話で共感の意思を伝える連絡が相次いだという。

「感激しました。取材に応じてよかった」

言うまでもなく、感激したのは私の方だ。

（注9）「トモダチ」作戦　東日本大震災に対応した米軍の救援活動。在沖米海兵隊の第31海兵遠征部隊（2200人）は国際的な救難演習参加などのためインドネシアや韓国に分散展開していたが、震災発生の3月11日夕に日本へ転進。宮城県の離島・大島での電源復旧・給水活動を中心に、被災地の6都市と自衛艦1隻に計約75トンの救援物資を搬送するなどした。在沖米海兵隊は「普天間飛行場の死活的重要性が証明された」とアピールしたが、遠方からの移動に加え日本側の具体的な活動要請も遅く、秋田沖への到着は19日。その後三陸沖に回って大島で活動するのは27日からで「実力を十分には生かせなかったのでは」（日米関係筋）との指摘もある。

「アメリカ軍のき地」

四の一　翁長麻乃

宜野湾市は、
半分が飛行場になっている。
アメリカ人の人は、
こんなにめいわくしているのに
ぜんぜん気づかないのか。
あっ、
今も飛行機のばく音が聞こえた。
何で飛行場があるのか。
戦争で負けたぐらいで

こんなに土地をとるなんて。
じゃあ、
戦争は土地あらそいのために
あるのか。
だったら、
その土地に住んでいる人々は
もうどうなったっていいのか。
わたしは
土地が小さくても
人々が幸せにくらしていれば
それでいいんじゃないかと思う。

（一九八六年度「そてつ」より）

やっぱり固定観念が邪魔をしていると思う

うるま市に住む麻乃さん(三四)は結婚し、名字は「船越」に変わり、三児の母となっていた。臨床検査技師の仕事は育児のために休職中。九カ月、三歳、七歳の子育てに追われる日々を送っている。

「そてつ」の作文を読んでもらうと、麻乃さんは懐かしそうな顔を浮かべた。印象深いのは末尾だ。窮屈な土地に追いやられ、毎日爆音にさらされても、「幸せならばいいじゃないか」という啖呵のきり方には、子どもとは思えないすごみを感じる。これは飛んでいく米軍機に向かって吠えるような思いで書いたのだという。

が、麻乃さんには当時、大人にどう受け取られるか、戸惑いもあった。「とんがった文章で偏った内容。こんなんでいいかなって思って書いた」。勇気を奮って書いた作文がそのまま「そてつ」に掲載されたことで、麻乃さんは「この考えはありなんだ。よかったのか」と安堵したという。

宜野湾市喜友名の自宅も基地のフェンス近くにあった。登下校時にはフェンスの向こうの芝生を見て歩きながら、「基地の中はよく手入れされていてきれいだなあ。でもここも沖縄なのに、なんで入れないのかなあ」と割り切れなさを抱えていた。

第二小時代の環境は、米軍機が飛ぶと、「何も聞こえない、何もしゃべれない。自分のしゃべっている声も聞こえないくらい」だった。自宅にいても「夜けっこう遅い時間までヘリの音がうるさかった」。その影響からか「授業中もみんながやがやしてうるさかった」という。

六年生のとき、校舎の改修工事があった。改築中は運動場内に建てられたプレハブの仮設校舎で過ごした。米軍機が通過すると、騒音に加え、振動に揺さぶられるすさまじい環境だった。改築が終わって元の校舎に戻ると、窓が二重になり、騒音は多少軽減された。が、子ども心に「防音工事をするってことは、この環境は当分変わることはないんだな」と基地と隣接させられることへのあきらめの気持ちがわいてきた、という。

世界が一変したのは、中学一年のときだ。麻乃さんは二学期に入って、普天間中から首里中に転校した。

「授業が中断することがないのがショックだった。自分は異常なところにいたんだっていうのは、中学のときにすごく感じた」

転校して「私は普天間第二小学校出身だよ」と周囲に打ち明けても、第二小が置かれた環境に関心をもつ人はほとんどいなかった。平和学習で地上戦の悲惨さは学んでも、「現在どのような被害を受けているか」についてクラスメートと深く議論した記憶はない。首里高、琉大と進学し、その間ずっと那覇で過ごすうち、「基地」のことは次第に意識から薄れていった。

大学時代に臨床検査技師の資格をとった。医療や福祉の仕事に就こうと思ったのは、病気のため一六歳で亡くなった四歳下の妹の存在が大きい。二人きょうだいの妹だった。「養護学校とか病院や小児発達センターなど、福祉の環境が身近だった」のが職業選択につながった。

なぜ代替施設が必要なのか

九六年の普天間返還合意の知らせを聞いたときは現実味がなかった。「あんな身近にあった普天間飛行場が本当になくなるのかなあって」

県内移設に限界が見える中、〇九年の政権交代には期待した。「基地反対の国会議員が当選したりしたので、おおって思った」。メディアの報道が盛んになり、看護師の夫栄輝さん（三七）と基地問題を話題にする機会も増えた。鳩山由紀夫首相が「最低でも県外」と訴えたときには、「それもありなの。できるんだったらやってほしい」と好感した。が、半信半疑ながらの期待は長く続かなかった。それでも「仕方ない」とあきらめる気にはもうなれない。「今は民主政権に頑張ってもらいたい」

「普天間の固定化」が現実味を帯びる中、第二小を含む公共施設の移転が話題に上る状況を「移転といってもたかが距離は知れている。解決にはならない。何言ってんのと思う」と嘆く。日米の普天間返還合意前にも、第二小移転の話はあったが、

「ここ以外にどこか建てる場所があるのって。子ども心にも、非現実的なこと言ってるな、と思っていた。大人になってもその思いは変わらない」という。

麻乃さんには、日米政府も大手マスコミの論調も、あくまで代替施設をつくることが前提になっていることに大きな違和がある。

「基地はつくらないといけないという固定観念が分からない。なぜ、代替施設が必要なのか、辺野古案にこだわるのか」

「抑止力は方便だった」という鳩山前首相の言葉(注10)には、大して驚きもしなかった。「沖縄

の地理的な位置が重要というけど、別に戦争しなければいいんじゃないのって。そう言えば身もふたもないかもしれないけど、これだけ基地はいらないって言っている沖縄の人の声に、政府がもうちょっと耳を傾けてくれないものか。絶対に基地をつくらなければいけないっていう固定観念があるから結局、沖縄の話を聞いていない」

返還合意から十五年。

「十五年の間に県民大会も何回もあったのに、何で政府の人はもっといい方向に向けて腰を上げてくれないのか。やっぱり固定観念が邪魔をしていると思う」

（注10）鳩山前首相の「抑止力は方便」発言　鳩山由紀夫前首相は2011年2月、沖縄タイムス社などのインタビューに応じ、米軍普天間飛行場の移設先を名護市辺野古と決めた理由に挙げた在沖海兵隊の抑止力について「辺野古に戻らざるを得ない苦しい中で理屈付けしなければならず、考えあぐねて『抑止力』という言葉を使った。方便と言われれば方便だった」と弁明し、抑止力論は「後付け」の説明だったことを明らかにした。さらに「海兵隊自身に抑止力があるわけではない。（陸海空を含めた）四軍がそろって抑止力を持つ。そういう広い意味では（辺野古移設の理由に）使えるなと思った」と語った。

自宅で育児に追われる船越麻乃さん。３歳の次男輝成《きなり》くん、９カ月の長女麻亜子《まあこ》ちゃんと共に＝うるま市内

普天間問題に詳しい外務・防衛官僚や政治家、それにメディア関係者や評論家も含めた日米関係、安全保障の「専門家」たちは、麻乃さんの訴えを「素人の意見」とはねのけ、おそらく歯牙にもかけないだろう。

しかし、彼ら「専門家」を自認する人たちの知識と経験を総動員しても、これまで普天間問題を解決に導けなかったのは厳然たる事実である。その点からも、当事者意識をもって本質に迫ろうとする麻乃さんの「固定観念が邪魔をしている」との主張は至言だと思う。問われているのは、専門家と自負する人たちが、「素人の常識感覚」にどれだけ意識的でいられるか、ということではないだろうか。

麻乃さんが表した「固定観念」の中には、普天間問題を過去の政策の延長という視点でしか捉えられず、「辺野古案はもう無理」という現実と向き合おうとしない官僚や政治家、メディアの思考停止状態だけを指すのではない。彼らの思考をこう着させ、問題解決を阻害しているあらゆる「非常識な常識」も含まれる。

メンツにこだわり、過去の自己否定につながる路線変更を好まない、省益がすべてに優先される外務・防衛両省の組織体質が生むしがらみや保身、事なかれ主義、といった官僚の心理に宿る「無意識の意識」も穿つように思われる。

自身の政治的なポジションを確立するため、政府の決定を地元に受け入れさせようとする政治家たちの打算に満ちた行動も、「固定観念」に縛られている。沖縄へ足を運び、知事や市長に向かって「一方的にお願いする」ことが誠意だと勘違いしている彼らが、「沖縄のため」であるというもっともらしい理屈や美辞麗句を並べ、どれだけ体裁を繕っても響かない。

内部告発サイト「ウィキリークス」が一一年五月に暴露した米外交公電(注11)は、普天間問題に携わる日本の政治家や官僚たちの米側への自発的隷従ぶりと、自国民である沖縄に対する裏切りの実態を白日のもとにさらす好例となった。

こういう環境だったんだよって話していきたい

未曾有の被害を招いた東日本大震災。麻乃さんは日常生活の中で、被災地のために何かできることはないか、と気に留めている。大震災への対策は、今の日本にとって最重要課題と認識している。

しかし、「普天間問題とは、また別の問題だ」とも思う。日米は返還合意した当初、普天間飛行場の七年以内の返還を約束した。それが十五年間を経ても解決に至らず、県民はこの問題に翻弄され続けてきた。この歳月の重みをかみしめれば、「もしかしたらこんなときに基地問題なんか、と思われるかもしれないが、でもやっぱり政府にはきちんと県民に対して誠意を見せてほしい。そうすべきだと思う」

仕事や子育てに忙しい日々を送ってきた麻乃さん。基地問題に関しては「何か行動するとか、自分のことに置き換えて考える余裕はなく、優先順位は低くなりがちだった」と振り返る。しかし今、「そてつ」に掲載された自分の作文を見て、「これ、お母さんが書いたよ、あんなこと、思ってたんだよって子どもに言おうと思った」という。

夫の地元のうるま市に暮らして五年になる。

「ここは普天間に比べたら、騒音はそれほどひどくない。普天間問題がこれだけニュースになっても、うちの子どもたちはピンとこないかなって思うので、こういう環境だったんだよって話していきたい」

親として、というだけでなく、沖縄社会の一員として基地問題は「やっぱり重要」と再認識している。

インタビュー後、麻乃さんは家庭内で起きた「小さな変化」を報告してくれた。

自宅にいるとき、上空を米軍機が通過すると、三歳の次男が怖がって麻乃さんにしがみついてくるという。それを、麻乃さんはこれまで「これぐらいで怖いのか。この子は少し敏感なのかな」という受け止めだった。自宅上空は、米空軍嘉手納基地の戦闘機の飛行コースだ。今は、「怖がるのが普通で、何も感じない私の方が鈍感だった」と認識をあらためるようになった。自ずと、子を見る目やふれあい方も変わったという。

夫栄輝さんにも、基地と隣り合わせだった第二小時代の生活体験を折に触れて話すようになった。これまで意識していたわけではないが、知らず知らずのうちに「普天間」の原体験につながる話題は遠ざけていたのかもしれない、と思う。

普天間問題のニュースに接するたび、政治の状況に歯がゆさを感じるが、夫婦で願うのは「少しでも今の状況がよくなって、基地問題が県民の納得する方向へ進むこと」だという。

（注11）内部告発サイト「ウィキリークス」が公開した米外交公電　政権交代後の普天間問題をめぐり、ワシントンなどに報告された米国務省公電をウィキリークスが2011年5月4日に暴露した。主に民主党幹部や外務・防衛官僚が米政府担当者らに語った内容。この中で、沖縄からグアムへ移転する海兵隊の隊員数と移転にかかる経費が水増しされていたことも判明した。兵員は実数でなく定数を使い、グアムへ移転する兵員数を多く見せかけた。移転経費は不要な道路建設を追加し、それを米側負担とすることで日本の負担率が低くなるよう細工をした。

「うるさい爆音」

六の五　　稲福貴子

わたしたちの学校は、創立六年目をむかえた新しい学校です。宜野湾市普天間のマリン飛行場の北側に、隣接していて、飛行場と運動場の間には、アメリカ兵が作ったフェンスをはりめぐらしています。そのため、いつもばく音になやまされています。

朝礼のときでも、校長先生のお話の途中、飛行機やヘリコプターなどが、飛びたって、お話が、聞こえなくなることも、しょっちゅうです。そんなときは、みんなが、飛行機のほうを向いて「うるさいなあ。早くどこかへ行けばいいのに。」とくやしそうにしています。

また、授業をしているときでも、先生のお話が、聞こえなくなったり授業が進められなくなったりで、たいへんです。もし、わたしたちの学校に、飛行機がついらくしたら、どうなるのでしょうか。何百人という生徒が、死んだり、けがをしたりするかもしれません。そんなことを思うだけでも、ぞっとします。

わたしたちのなやみは、ばく音だけではありません。もう一つは、運動場が、せまいことです。

運動場のトラックの長さも、たった一八〇メートルしかとれません。それは、飛行場にたくさんの土地が、とられているからです。学校の窓から、すぐマリン飛行場が、見えますが、広々とぜいたくに、土地が使われています。

それなのに、わたしたち普天間第二小学校に、土地を分けてくれません。

もともとその土地は、わたしたち沖縄県民の土地です。戦争で、負けたため、そこの土地は、アメリカ軍が、使うようになりました。沖縄が本土に復帰してあとも、使っています。

もう、戦争は、終わったんだから、その土地を全部わたしたちに、返すべきだと思います。もし、それが不可能なら、せめて学校の勉強の途中には、飛行機を飛ばさないようにしてもらいたいと思います。また、土地もわたしたち普天間第二小学校に分けてほしいです。

わたしたちの学校は、見かけは、よくてもいざ勉強してみると、ばく音でなやまされたり、運動場が、せまいうえ、体育館やプールもまだできてなく満足に、勉強できません。

一日も早く、他の多くの小学校のように、静かで、おちついて勉強に、はげめるような学校にしたいものだと思います。

（一九七五年度「そてつ」より）

危険と隣り合わせであることを日々感じていた

貴子さん(四七)は現在、米国ロサンゼルスで夫(四八)と愛犬のマルチーズと暮らしている。姓は「水島」に変わった。

貴子さんは異色の経歴をもつ。普天間中、普天間高を卒業後、東京の語学専門学校を経て、米国に留学。帰国後は都内の貿易会社で秘書として勤務した。その後、いったん沖縄に戻り、旅行会社に勤務したが、「米国で仕事をしてみたい」という思いを抑えきれず、九一年に再渡米。ロサンゼルスで米系航空会社の職に就き、永住権も取得した。

貴子さんが渡米を志したのは、幼少時の体験が影響している。当時の実家は宜野湾市新城。基地のフェンス越しに、青々とした芝生が広がる米軍住宅を間近に見て育った。狭い敷地に肩を寄せ合うように民家や商店が密集する「基地の外」とは別世界に映った。基地従業員として勤務していた幼なじみの父親に、基地内のカーニバルに連れて行ってもらった記憶もある。移動式の遊園地や米国のスナック菓子に感激した。「アメリカ」に強い憧れを抱いた貴子さんは、小学一年のときすでに「狭い沖縄を出て、東京に行き、その後はアメリカに行って生活したい」と夢を膨らませていたという。小六の頃には、米国人宣教師らによる教会での無料英会話クラスに通うようになった。

しかし、第二小時代の作文には米軍への不満もぶつけられている。米国に対する憧れと恨み節。相反する当時の心情を、貴子さんはこう解説する。「基地のせいで学校の環境が良くない点に関しては、確かに米軍基地が嫌いだった。しかし、米国人宣教師たちがとても親切でやさしく、真面目な方々だったので、戦争をイメージさせる米兵とは違って見えた」。それで、「米軍基地&米兵=アメリカ」という単純な図式にはならなかったのだという。

「小学生ながら、学校が基地に隣接し、危険と隣り合わせであることを日々感じていたんだな」

貴子さんは「そてつ」に書いた作文を読み返し、懐かしそうにこう振り返った。

「広い運動場、そして爆音のない環境で小学校生活を送れたらどんなに素晴らしいだろう、という思いで書いた」

第二小時代は、編隊を組んで飛来するヘリコプターの重低音や、戦闘機の爆音の中で生活していた。ただ、毎日そうした環境で過ごすうち、「耳が慣れてしまい、それほど苦痛ではなかった」という。一方、運動場は子どもの目で見てもかなり狭く、昼休み時間には、運動場で遊ぶ児童で満杯になった記憶がある。

貴子さんが高校一年のとき、実家は宜野湾市我如古へ引っ越し、現在もそこに両親が暮らしている。夫とは普段、沖縄の米軍基地の話はしない。が、我如古の実家に滞在した際、戦闘機の爆音やヘリコプターの音の大きさに、兵庫県出身の夫はかなり驚いていた。それを見て、あらためて「基地のない他県民にとっては、これほどびっくりするぐらい大きな音だったのか」と衝撃を受けた。「慣れとは恐ろしい」と実感した。

九六年に日米が普天間返還合意したときは、ロサンゼルスの日系旅行会社に勤務していた。「真ん中にある基地を取り囲むように街が形成されていて、危険と紙一重の環境の中で市民が生活しているので、普天間返還合意は、ひとまず喜ばしいこと」と受け止めた。ただ、「軍用地料を得ている市民も多数いると思うので、素直に基地返還を喜ぶ市民だけではないのでは」とも思った。

一人ひとりがあきらめずに訴え続ければ

　十五年後の今も返還が実現していない背景について、貴子さんは「仮に県内に基地を移設するとなると、新たに土地を確保できる場所(辺野古)がジュゴンの生息地でもあり、基地建設によって美しい沖縄の自然破壊を招く恐れがある。そのことが問題になり、実行に移すのは難しい」と見ている。実行が困難であるにもかかわらず、日米が県内移設にこだわる理由についてはこう指摘する。

「沖縄県民の立場からすると、普天間飛行場を県外へ移設するのを強く希望するが、米国や日本本土からすると、戦略的に見た沖縄の位置、あるいは(沖縄が)島であるということが、基地を置く場所として最適地であると思われているのではないか」

　沖縄が日本本土と離れた「島」であることが、基地のロケーションとして重宝がられる—との見方は、米国、東京、沖縄での生活体験に基づく貴子さんの視座が色濃く反映されているようだ。「なぜ、そう思うのか」と貴子さんに重ねて問うと、二つの答えが返ってきた。

　①沖縄は首都東京から海を挟んで大きく離れており、万一戦争が起きて基地が攻撃されても、首都は安全である。②沖縄県民という立場からの目線ではなく、日本全体から見る

沖縄、東京、米国の感覚を肌で知る水島貴子さん。抱いているのは愛犬のマルチーズ＝米国ロサンゼルスの自宅前

と本州内に大規模な米軍基地を置くよりも、本州から離れた小さい島の一県である沖縄に基地を置いた方が基地反対の世論を封じ込めておく上でも好都合だと考えられている――からだという。

さらに、普天間飛行場が返還に至らない要因について貴子さんは「普天間飛行場の存在が宜野湾市民の生活を常に危険と隣り合わせにしているとともに、その基地に戦後半世紀以上、依存して生活してきたことも事実であり、そのこともネックになっているのでは」とも指摘した。

普天間第二小のような基地と隣接した環境の小学校は「私の知る限り、米国内にはない」と認識している。現在も基地と隣接する第二小に通う子どもたちは「気の毒」だと思う。同時に、児童たちには「偏った考えにとらわれず、基地のあり方を広い視点でとらえる力を養ってほしい」と願っている。

貴子さんは、普天間飛行場が返還されるまでの第二小の移転検討を肯定的にとらえている。「普天間飛行場の返還が実現されるのを何年も待って、やっと第二小の環境が良くなるのではなく、一日も早く第二小を別の場所へ移転してもらいたい」。理由はこうだ。四十年以上も劣悪な環境で第二小の児童たちは学んできた。だから、我慢するのはもう十分なのではないか、と。

貴子さんは米国から在校生たちにこんなメッセージを寄せた。

「在校生が卒業するまでに普天間飛行場が百パーセント返還される可能性は低いかもしれない。しかし、在校生はもちろん、私を含めた過去四十数年間の卒業生一人ひとりがあきらめずに、安全で米軍機の騒音に悩まされない普通の小学校にしてほしいと願い、訴え続ければきっと実現されると思う」

当事者たちの覚悟

沖縄が過剰に抱えさせられている米軍基地問題の背景には、沖縄、日本、米国の三者の綱引きがある、とよく言われる。しかし、実際には三者の間には歴然たる「力の不均衡」がある。それと同時に、「意識の不均衡」もある。この場合、基地被害を直接受けている沖縄が最も切実だ。

日米にそのときどきの政策担当者はいても、「当事者」はいない。めまぐるしく変わる政治家や官僚は、自分の担当期間を無難に終える保身に走りがちだ。一方、沖縄に当事者はいても、政治的影響力を行使できる人はごく限られている。沖縄県知事の意向さえも無視して頭越しに進めるのが、このところの普天間問題に携わる日米の政策担当者のやり口だ。

その点、貴子さんは、米国にいながら、「沖縄の当事者」という意識で普天間問題を見ているのがよく伝わってきた。子どもたちにしてみれば、今の社会をつくったのは周りのすべての大人たちである。「沖縄」も「本土」も「米国」も関係ない。生まれたときから基地に囲まれ、小学校と隣接する位置にまで基地があるのも当たり前という環境を我が子たちに強いていることへの罪の意識は、今この土地で暮らす大人たちみんなが負わなければならない。変革には「当事者たちの覚悟」という原動力が必須となる。そのことを、貴子さんは静かに説いているように思えた。

いつか、きっと

「ぼくたち、わたしたち」

校長　伊礼精得

普天間第二小学校は
校舎が古く
タイルがはげて
きたない
と、人はいいます
でも、毎日、毎日
みがきますから　セメントは
ピカピカ光ってきます

普天間第二小学校は
校舎が古く
雨がもって
いやだ
と、人はいいます
でも、みんなが力を合わせて
水を、すくい取りますから
だいじょうぶです

普天間第二小学校は
運動場がせまく
だめだ
と、人はいいます
でも、みんな元気いっぱい

ボールをけって
飛びまわっています
普天間第二小学校は
基地のそばで
飛行機の音が
うるさい
と、人はいいます
そうなんですけど
でも、
どうしましょう
…………………………

（一九八六年度「そてつ」より）

決して言葉にはできなかったこと

「そてつ」には、各号の巻頭で校長がメッセージを寄せるのが習わしとなっている。第五代の第二小校長として、八六年四月から八八年十月まで赴任した伊礼精得さん(七九)は、テンポのよい詩のリズムで第二小の実情を伝えている。末尾の「…」の部分に無念さがにじむ。

宜野湾市我如古の伊礼さんの自宅に電話を入れた。が、退院したばかりで自宅療養中だという。じっくり話を聞くことはできなかったが、第二小にまつわる記憶を尋ねると、電話口で伊礼さんはこう話してくれた。

「米軍機の離着陸時には、教室の窓ガラスがガタガタと揺れるような状態だった。あんなに基地と隣接しているのはどう考えてもおかしい。もし、米軍機が墜落したら、と心配する声は当時のPTAの人たちにもあったが、私は仮定の話だとしても、そんな不吉なことを口にしたくはなかった。心に思っていても決して言葉にはできなかった。それだけは今も記憶にある」

苦渋の決断だった「新校舎建築」

第二小のＰＴＡは当時、小学校の移転問題に頭を悩ませていた。

普天間飛行場と隣接していることによる①墜落の危険性②米軍機の騒音③敷地の狭さ—といった第二小固有の深刻な課題を改善する手段として、ＰＴＡは十年以上にわたって総会決議で「早期移転」を採択し、その都度、宜野湾市に要請してきた。

校区内に新たな学校用地を確保できずに苦慮していた市は、広大な米軍用地に着目し、防衛施設庁（当時）にキャンプ瑞慶覧の一部返還を要請した。これに対し、国はキャンプ瑞慶覧の一部返還に同意する一方、現学校敷地を普天間飛行場施設として編入することを条件として提示した。市は政府に対し、この編入条件の撤回とともに、約三十億円とされる用地取得費の補助を要請した。しかし、関係省庁からは「そういう補助メニューはない」との回答しか得られず、学校の移転問題は解決の見通しが立たなくなっていた。

一方、移転の可能性を見据え、改築も保留されていた第二小の校舎は、天井のモルタルの落下や水漏れなど老朽化が著しく、児童の安全確保にも支障が及んでいた。同時期、校舎改築予算に関して文部省(当時)から高率補助が出る制度があったが、その復帰特別措置の見直しが迫っており、「この機を逃すと市の持ち出し予算が多くなり、校舎改築も困難になる」と懸念されていた。

こうした状況を踏まえ、PTAは九二年、従来の「早期移転」要請を保留し、「現敷地での早期全面改築」を求める決議を採択した。さまざまな意見が出て審議は混乱し、総会での決議がはかれず、臨時総会での採択となった。

決議から約一カ月後の九二年十月。第二小から約五百メートルの普天間飛行場内で米軍ヘリが着地に失敗し横転する事故が起きた。当時のPTA関係者は、「小学校はやはり移転させるべきだったのではないか。本当にこれでよかったのか」と眠れない日々が続いたという。

九六年の四月十二日の日米の普天間返還合意を受け、「この場所に新校舎を建設してよかった」と歓喜にわく当時のPTA会長のコメントが、同十四日付の沖縄タイムス紙面に掲載されている。しかし、十五年後も基地が居座り続ける現状は、関係者にとって「悪夢」としかいいようがない。

新聞に記事が掲載された後、伊礼さんが電話をくれた。記事を読んで、市の行政関係者らとともに上京し、政府に用地取得費の補助を要請したときの記憶がまざまざとよみがえった、というのだ。官僚から確かに「そういう補助メニューはない」と剣もほろろな応対をされ、悔しい思いをしたのだと、伊礼さんはしみじみこぼした。

普天間第二小の移転に関しては、インターネット上で「反基地のイデオロギーで市民団体が台なしにした」との内容がはんらんしている。

代表的なものが一〇年一月の産経新聞記事の転載だ。記事は、八〇年代に学校の移転先として軍用地の一部を返還することで市は米軍と合意し、防衛施設庁（当時）と協議して予算も確保したが、市民団体などが「移転は基地の固定化につながる」と抵抗したため頓挫した―と当時の安次富盛信宜野湾市長らの証言を基に構成されている。「基地反対運動をするために小学校を盾にし、子供たちを人質にした」など匿名の市関係者のコメントも紹介している。記事はインターネットを通じて大きな話題になり、市には多数の抗議が寄せられた。

この記事は宜野湾市議会でも論議を呼び、市が真っ向から反論する一幕もあった。

同市の山内繁雄基地政策部長は一〇年一〇月の市議会答弁で、①用地購入には三十億～六十億円かかる上、国の補助も得られず、市の財源では対応不可能だった②学校の老朽化が進んでいたため、同校PTAが時間のかかる移転ではなく、現在地での全面改築を求める決議をした―などと反論。「移転予算が確保されていたということも、市民団体の反対のために移転できなかったということも事実ではない」と強調した。

こうした市議会でのやりとりは、沖縄タイムス紙にのみ掲載されたが、他メディアに取り上げられることはなかった。インターネット上では、いまだに産経新聞の記事に沿った情報がひとり歩きしている。

第二小のキャンプ瑞慶覧への移転と引き換えに、現学校敷地を普天間飛行場に編入するという当時の防衛施設庁の条件提示は、「県内移設」というかたちで沖縄県民の基地問題に対する不満の解消を図ろうとする国の基本姿勢を反映している。その最たる例が、普天間飛行場の辺野古移設だろう。

「危険な普天間第二小を移転させたいのであれば、現学校敷地を基地に編入させろ」という論理は、「危険な普天間飛行場の固定化がいやならば、辺野古の新基地建設を受け入れろ」と迫る構図と連なっている。

だが、過剰な基地負担を抱える沖縄で、この手法はなかなかスムーズには進まない。住民の分裂もはらむやっかいな問題に発展する。

問題の背景に浮かぶ本質は、地元のイデオロギーではなく、沖縄に米軍基地をとどめておきたい日米の利害が一致していることにあるのではないだろうか。

書く子は考える

二〇一〇年度の「そてつ」第三十八号に、「自分の思いを言葉で伝える力を身につけることはとても大事」とメッセージを寄せた知念春美校長(五九)は、第二小に特別な思いがある。教員人生三十二年の約三分の一に当たる十二年間を第二小勤務で過ごした。本年度末には、第二小校長として定年退職を迎えることも決まっている。第二小での普天間飛行場と隣り合わせの日々に、「過酷な環境だが、児童たちが健やかに育っているのが救い。これまで児童の命に危険が及ぶような事件や事故がなかったのは幸い」と感慨をもらす。

知念校長は那覇市首里石嶺町出身。結婚後、八二年に夫英信さん(五九)の地元の宜野湾市志真志に引っ越した。以来、宜野湾市民だ。

最初の第二小勤務は八八年からの五年間。五年生の担任のとき、児童数の増加で教室が不足し、臨時増設したプレハブ教室で授業を行った。学校敷地内で最も基地に近い位置だった。米軍機の離着陸のたび、騒音だけでなく振動にも悩まされた。が、知念校長が最も気に留めたのは、掃除時間の児童たちの所作だった。掃除が始まると、全員でいすを机に乗せて一カ所に移動させる。そのときに児童たちが響かせる物音が半端ではなかった。「ものすごく音に無頓着なのに驚いた。基地の影響があるのかなと思った」と振り返る。

二度目の勤務は〇二年度から〇四年度まで。教頭として赴任した。このとき、〇四年八月の沖縄国際大学への米軍ヘリ墜落事故と遭遇する。

「基地に一番近い学校」である第二小では、米軍機の墜落を想定した避難訓練を毎年実施している。知念校長は第二小の校舎から、沖縄国際大学あたりで黒煙が上がるのを目撃した。「ついに落ちたか」と思った。沖縄国際大だったのはたまたま。第二小だったら、と想像し、ぞっとした。「それから危機感が現実味を帯びたものとなったのは事実」と打ち明ける。

三度目の第二小赴任は〇八年四月から現在に至る。校長として赴任し、あらためて騒音のすさまじさに気付かされたという。同小の校長室は基地側の運動場に面し、大きな窓が設置されている。離着陸のたび、窓一面に広がる米軍機に圧倒される。「何も変わっていない」。最初の赴任時のプレハブ教室の記憶がよみがえった。

九六年の日米の普天間返還合意後も、基地はずっと動かなかった。辺野古移設の行方はいつまでたっても混とんとしていた。第二小の校長に就任し、「県内移設」への見解を問われるのはつらいことだった。普天間飛行場が移転するのは願ってもないことである。ただ、移設先が具体的に「辺野古」となると、同じ苦しみを強いることにジレンマを感じる。第二小の校長としての立場と県民としての思い。両者のせめぎ合いをずっと心の内に抱えてきた。普天間の固定化だけは困る、という切実感は誰よりも強い。にもかかわらず、「辺野古移設」に対する是非の言及は避けつつ、移設先はどことは言わないが、とにかく普天間の危険性除去を最優先してほしい、という言い方に終始せざるを得なかった。

そんな中、「最低でも県外」を掲げる鳩山由紀夫首相の誕生には「やっと山が動いた」と手放しで歓迎した。「県外って有り得る話なんだ」。世界情勢はどんどん変わりつつある。沖縄だけが過剰に基地を受け入れる必要はない、ということに目覚めた思いがした。

一〇年五月四日。「県外」に行き詰まった鳩山首相が、市民と対話するため、第二小の体育館にやって来た。知念校長は、鳩山首相を迎える立場になった。会場のわきに伊波洋一市長らとともに座り、壇上の鳩山首相を見据えた。鳩山首相の表情は沈痛に満ちていた。「山が動いた」と感じた半年前の頼もしさとは対照的だった。

だが今、振り返って鳩山氏は一定の役割を果たした、と感じている。鳩山氏は「普天間問題は国民みんなで考える問題」と繰り返し表明し、連日のように全国メディアがそれを伝えた。鳩山氏が提唱しなければ、「沖縄に基地ありき」という思い込みは、本土だけでなく、沖縄側にも根強く植え付けられたままだったに違いない。沖縄にだけ基地の負担を押し付け、その上にあぐらをかき、平和や安全保障の問題を当事者として考えようとしない全国の雰囲気にくさびを打ち込んだ、と知念校長は捉えている。

在沖米国総領事を務めた米国務省のケビン・メア日本部長が「沖縄の人はゆすりの名人」と発言したとされる問題は、鳩山氏の「最低でも県外」の主張がとん挫した要因と通底している、とみる。

「日米関係はいまだに対等ではないということ。そのひずみが沖縄そして普天間問題に象徴されている」

同じひずみが、「温度差」というかたちで本土と沖縄の間にも横たわっている、とも思い至った。「そこは是正していく必要がある」と強く思う。

第二小の文集「そてつ」は、同小のPTAが資金を出し合って毎年発刊してきた。同小独自のこの伝統を、知念校長は「誇り」と胸を張る。

「書く子は考える」というのが、「そてつ」を貫く理念となっている。文章に記すには、

普天間第二小に三度目の勤務となる知念春美校長
＝同小校長室

まず立ち止まって考える必要がある。書く能力を養うことで思考を深め、自身や周囲の置かれた状況を見つめ直すきっかけになる。それが社会を動かす力にもなる。

文章のテーマや内容については、教師が指示、誘導することはなく、児童の自由な感性に委ねるのが伝統だという。それでも、児童が書き残す文章から「普天間飛行場」が消えることはない。

そのことを知念校長は「子どもたちにとって基地は縁遠いことではなく、生活の一部になっているので自然なこと」と受け止めている。「生活の中で基地が見えなければ、フェンスがなければ、米軍機が飛んでいなければ、子どもたちは書かない」

基地で糧を得る保護者や身内が多いのも第二小の特徴だ。単純に「基地をなくせ」という説き方では、児童の心を不安にしたり、傷つけてしまったりすることもある。しかし、生まれたときからここで暮らしている児童たちに、米軍機の爆音や危険にさらされる生活が当たり前ではないんだ、ということを伝えなければならない。学校としても危険性の除去などの環境改善に向けて努力しなければならない、と考えている。

「ここで生きている人がいるということをもっと気付かせる必要がある。沖縄の人が声を上げなければ、今の状況が当たり前ということにされてしまう。普天間は固定化させては絶対にいけない」

誰が校長であっても、今の基地の状況を変えてもらいたいという思いは不変だと知念校長は訴える。

第二小へ通ううち、知念校長のはからいで学校給食を食べさせてもらったことがある。学校での給食なんて三十年余ぶりだ。懐かしさでわくわくした。そのとき、校内放送でクラシック音楽が流れてきた。不似合いといっては大変失礼だが、ぎすぎすした基地の話を続けるのはそぐわないほど、何とも優雅な気分に浸ることができた。同時に、この静ひつな時間が、米軍機の飛来でいつ台無しにされてもおかしくないと思うとはらはらした。

第二小の昼食時間のBGMはクラシックと決まっているそうだ。「いい音楽を子どもたちの耳に触れさせ、心にゆとりをもたせたい」という知念校長の発案だ。米軍機の騒音と、対極の位置にあるクラシック音楽。これを並列させることで浮かんでくるのは、強烈なアンチテーゼだ。いかに劣悪な環境に置かれようと、子どもたちの心の安寧に最善を尽くす、知念校長の教育者としての覚悟と誇り、そして「無言の抵抗」が込められているように私には感じられた。

「聞けない耳　きけない口」

五の三　　伊波真由美

校舎すれすれに飛行機が飛んだ。みんなは、耳をおさえた。私にもその音が聞こえた。かすかではあるが、たしかに聞こえたのだ。これが音なのだ。とび上がるほどうれしかった。

身体的不自由な人と言うと、いろいろある。手足が不自由、目が不自由、耳や口が不自由。私はその中の耳や口が不自由である。でも、私はくじけていない。くじけても何もならんと思うからだ。

今、私は身体的に少しの不自由もない普通の友達といっしょに、普通のクラスで、せいいっぱいがんばっている。友達との話も先生との話も、口の形と顔の表情をとらえて話す。

だいたいのことは話し合えるようになった。先生との話しが一番こまった。最初の頃は、自分の事ではあるが友達に言ってもらっていた。しかし、「自分の事は、自分で話しなさい。甘えてはダメです。」と、先生に言われた。

その時から、自分で話すようにつとめた。一度で通じる時、とてもうれしかった。しかし一つの事を言うのに、二度も三度もかかる場合だってある。

おおぜいの友達もできた。みんな親切で、よい友達ばかりだ。一緒に勉強し、一緒に遊び、私の事を自分達と同じ普通の仲間としてうけ入れてくれている。

私が好きな勉強、それは、体育である。相手の動きが目で見えるからだ。友達も「体育が得意だね。」と言う。しかし、音楽はどうにもならない。聞こえないし、もちろん歌えない。悲しい時、自分をなぐさめる歌、うれしい時、喜びを二倍にする歌。私には、それができない。それでも母は、私を人なみにと言う事で、ピアノ教室に通わしてくれている。今、私は、バイエル57番までひける。
聞けない耳で、いつか、きっと、聞ける時がくるにちがいないと思って、ひいている。
私は今、幸せである。
「耳が聞けない、口がきけないぐらいが何だ。」と思うようにしている。
手足の不自由な人や目の不自由な人に比べると、うんとうんと幸せなんだ。

（一九七九年度「そてつ」より）

いつか、きっと、きける時がくる

一九七九年度の「そてつ」に、心を打たれた作文があった。新聞連載時には、本人から掲載の了解を得ることはできなかったが、出版に際し、再度お願いしたところ、承諾をいただいた。それが伊波真由美さんの「聞けない耳　きけない口」である。

「そてつ」を通読後、真っ先に伊波真由美さんを探した。宜野湾市内に同じ姓の人の家が見つかれば、手当たり次第にインターホンを押した。細い糸をたぐるようにしてようやくたどり着いたのは、真由美さんの義妹に当たる伊波さおりさん(四二)だった。職場を訪ね、真由美さんの作文のコピーを見てもらった。さおりさんは読み始めて間もなく、ハンカチを取り出し、目頭を押さえた。「頑張り屋の姉らしさが出ていますね。今もこのままの人です」。そう言って仲介を約束してくれた。

六七年生まれの真由美さんは四三歳。長男力飛《りきと》さん(一六)、長女美優花《みゆか》さん(一二)、次女光弥《みひろ》さん(一〇)の三人の子どもをもつシングルマザーだ。浦添市内のスーパーで商品の出し入れの仕事をしている。

メールでのやりとりを経て、真由美さんとの面会を果たしたのは三月中旬の日曜日。待ち合わせ場所は、真由美さんの自宅近くのコンビニエンスストア前に決めた。午後二時すぎ、次女光弥さんを伴って真由美さんが現れた。想像した通り、聡明そうで活力に満ちた目が印象的な人だった。

路上の隅で真由美さんに、「そてつ」の作文を見せると、あふれ出るように第二小時代の思い出を語ってくれた。体育の授業、ピアノのこと、友人や教師、両親への感謝の思い。

第二小時代の真由美さんは、校庭で友達とおにごっこをしているとき、みんなが急にしゃがみこんだり、耳をふさぐので、米軍機が上空を通過するのが分かった、という。

真由美さんが必死に語ってくれるのに、私には単語の断片しか聞き取れない。それが歯がゆくて仕方なかった。しかし、ところどころ聞き取れない部分は、そばにいる光弥さんに顔を向けると、即座に言葉を補ってくれる。こちらの質問は手話で素早く真由美さんに伝えてくれる。

光弥さんに真由美さんの作文の感想を尋ねると、「お母さんが、あきらめずにほかの人たちと同じように頑張っていたのがよく分かった」とはにかみながら答えた。

自宅アパートを訪ねさせてもらったが、この日は、部活中の力飛さんと、友人と遊びに出た美優花さんは不在だった。真由美さんと光弥さんに並んでもらい、写真撮影しているときに気付いたのは、二人が着ているシャツにハートのマークがプリントされていること。そういえば、真由美さんのメールアドレスは「ハート・スマイル・ファミリー」のアルファベットから始まる記号だった。心からにじむ愛に包まれたような母娘の笑顔と重なり、この家族にふさわしい、と思った。

第二小に通っていたときは、米軍機の着陸する場面が当たり前のように教室の窓から見えた。授業中、米軍機の騒音のため、先生が話を中断することも多かった。それは今も変わらない。そのことに、真由美さんは心を痛めている。

掲載の許可をもらった六月、普天間問題についてあらためて質問すると、真由美さんからこんなメッセージが返ってきた。

「普天間飛行場がなくなれば、普天間第二小学校の子どもたちは不快感なく、安全で楽しい学校生活を過ごすことができる。一日も早くそうなればいいなと心から思います」

時間をかけてつむぎ出された言葉には、真由美さんの静かで熱い思いが込められている

おそろいのハートマークのＴシャツを着て微笑む伊波真由美さん（左）と次女光弥さん＝浦添市内

と感じた。

　真由美さんが「聞けない耳」で懸命に聴こうとした音は、強い心さえあれば願望はかなえられる、とはるか遠くから導く声だったのではないか。どんな逆境の中でも希望を失わない強い心がはぐくむ力の可能性には限りがない。

「聞けない耳で、いつか、きっと、聞ける時がくるにちがいないと思って、ひいている」

「そてつ」の作文にそう記した、真由美さんの言葉に励まされる思いで、「基地だってなくなる日がくるにちがいない」と信じたい。

　この地に根付く、蘇鉄に負けないしぶとさで。

◀普天間飛行場・普天間第二小学校をめぐる年表▶

<戦前>

1879年(明治12)　明治政府、琉球王国～琉球藩を廃し、沖縄県を設置する。いわゆる琉球処分。

1941年(昭和16)　太平洋戦争勃発。

1944年(昭和19)　沖縄守備軍(第三二軍)が配備される 。

<アメリカ統治下>

1945年(昭和20)　３月～９月　米軍が沖縄に上陸し、住民を巻き込んだ沖縄戦が始まり激しい戦闘が繰り広げられる。沖縄戦時下において実質的にアメリカ軍による統治が始まる。沖縄戦直後より宜野湾も米軍の支配下に置かれ、米陸軍工兵隊が民間地を強制接収し、普天間飛行場が建設される。

1952年(昭和27)　対日講和条約により公式にアメリカの直接統治下に置かれ、琉球政府が設置される。

1953年(昭和28)　普天間飛行場の滑走路が2,400mから2,700mに延長され、ナイキミサイルが配備。

1956年(昭和31)　アメリカ軍による軍用地の強制接収をめぐって、住民による島ぐるみ闘争(土地闘争)起こる。

1960年(昭和35)　普天間飛行場は、施設管理権が「空軍」から「海兵隊」に移管され、「海兵隊航空基地」となる。

1963年(昭和38)　普天間飛行場の周囲にフェンスが設置される。

1969年(昭和44)　普天間小学校より分離し「普天間第二小学校」開校。普天間飛行場、第一海兵航空団の第36海兵航空郡のホームベースに。

1970年(昭和45)　コザ(現沖縄市)で反米暴動(コザ暴動)が起こる。

1971年(昭和46)　普天間第二小、全学級・特別教室などが完成、開校式。

〈日本復帰以後〉

1972年(昭和47)　日本復帰。「普天間海兵隊飛行場」「普天間陸軍補助施設」「普天間海兵隊飛行場通信所」が統合され、普天間飛行場として日本政府がアメリカに提供。

1974年(昭和49)　普天間第二小文集「そてつ」第一号発刊。

1975年(昭和50)　国際海洋博覧会開催。

1977年(昭和52)　普天間第二小　体育館兼講堂完成。

1979年(昭和54)　普天間第二小　運動場竣工。

1980年(昭和55)　宜野湾市の普天間飛行場内で米軍機が墜落。

1982年(昭和57)　普天間飛行場内で訓練中のUH-1Nヘリが墜落。

1992年(平成４)　普天間飛行場で米軍ヘリ着陸失敗し横転。

1994年(平成6)　普天間第二小　新校舎建設に伴い仮設校舎での授業開始。

1995 年(平成 7)　アメリカ兵による少女暴行事件。大田県知事代理署名拒否。地位協定見直し米軍基地整理縮小を要求する 8 万 5 千人の県民総決起大会。
1996 年(平成 8)　普天間第二小　新校舎落成。
日米両政府間で普天間飛行場の返還合意する。基地存続の可否を含む県民投票が行われる。ＳＡＣＯ最終報告案に、普天間基地の代替施設として沖縄本島東海岸沖案が盛り込まれる。
1997(平成 9)　名護市民投票で代替施設建設受け入れ拒否・反対が過半数に達する。比嘉名護市長、海上ヘリ基地受け入れ表明し辞任。
1998(平成 10)　2 月　大田知事、海上ヘリ基地受け入れを拒否。岸本名護市長当選。期限切れの米軍用地を強制使用するため「軍用地特措法」が国会で可決。11 月　稲嶺沖縄県知事当選。
1999(平成 11)　稲嶺知事、代替施設案を名護市辺野古沖と発表、岸本名護市長受け入れ表明。
2000 年(平成 12)　九州・沖縄サミット。
2003 年(平成 15)　ラムズフェルド米国防長官が来沖し、普天間飛行場を上空より視察し「世界でもっとも危険な基地」と発言。
2004 年(平成 16)　沖縄国際大学に米軍ヘリコプターが墜落。「米軍ヘリ墜落事故に抗議し普天間飛行場の早期返還を求める宜野湾市民大会」開催。
2005 年(平成 17)　稲嶺知事、代替施設の「沿岸案」を拒否。
2006 年(平成 18)　島袋名護市長、代替施設Ｖ字案で政府と基本合意。
2008 年(平成 20)　普天間飛行場爆音訴訟で国に対し総額 1 億 4670 万円の支払いを命ずる。
2009 年(平成 21)　2 月　クリントン米国務長官がグアム移転協定に署名。5 月　同協定が国会で承認される。9 月　民主党政権発足。鳩山首相就任。11 月 「辺野古新基地建設と県内移設に反対する県民大会」開催。オバマ・鳩山会談。12 月　鳩山首相、現行案以外の移設先検討を明言。
2010 年(平成 22)　1 月　代替基地受け入れ拒否の稲嶺名護市長当選。
5 月　鳩山首相が第二小体育館で市民対話集会。日米両政府が普天間飛行場の名護市辺野古案を織り込んだ共同声明を発表。鳩山首相辞任。
9 月　仲井真知事、普天間飛行場の県外移設要求を表明。
2011 年（平成 23）　2 月　鳩山前首相「辺野古への代替施設建設理由として海兵隊の抑止力を持ち出したのは方便だった」と発言。3 月
ケビン・メア米国務省日本部長が沖縄の人を「ごまかし、ゆすりの名人」などと発言していたことが報道される。6 月　米上院軍事委員会は、普天間移設問題で目に見える進展がない限り、在沖縄海兵隊のグアム移転費の支出を認めないことで合意。

あとがき

普天間第二小の文集「そてつ」の作文を広く世間に紹介したい、と考えるようになったのは、政権交代後に熱を帯びた全国メディアの「普天間報道」が鳩山首相の退陣で一気に冷めた頃だった。

政権交代以降、「普天間本」といわれるカテゴリーが生まれるほど、沖縄の米軍基地や普天間飛行場に関する出版が相次いだ。だが、その「ブーム」は、鳩山政権の退陣とともに潮が引くように去った。政府の普天間問題への取り組みも、菅政権の誕生で自民政権時代に先祖返りしていった。

この間、沖縄側は知事も県議会も、移設先の名護市長も名護市議会も「県外移設」でまとまり、政府や本土世論との溝はますます深まった。問題解決の道筋はまったく見えなくなっているにもかかわらず、本土メディアや世論の関心が薄れていくもどかしい現実を、ただ見守るしかなかった。

「普天間の固定化」がいよいよ現実味を帯びてきた、と感じ始めたとき、東日本大震災が起きた。未曾有の震災からの復旧・復興、そして原発事故の収束という課題に国を挙げて取り組むべきだというムードが国じゅうを覆う中、「普天間問題は沖縄の問題」として押し込める風潮に拍車がかかったように思えた。当然の成り行きのように、「普天間飛行場が固定化するのは、沖縄側が辺野古移設に同意しないからだ」という言説がためらいなく政府関係者から聞こえてくるようになった。本書の推敲のさなかに民主党代表選が行われ、野田佳彦氏が首相に就いた。五人が立候補した代表選で普天間問題は焦点にすら浮上せず、代表選後も野田氏は空念仏のように「日米合意の実行」を唱えるだけだ。

沖縄はまたしても置き去りにされつつある、と私は今、感じている。戦後、住民の反対運動の盛り上がりによって、本土の在日米軍基地が整理縮小されていく過程で、米軍統治下の沖縄では「銃剣とブルドーザー」による有無を言わせぬ手法で、米軍基地が拡張されていった。現在、普天間飛行場を使用する海兵隊も、そうした流れの中で本土から沖縄へ移駐した。その結果、「沖縄の戦後」は今も続いている。

「そてつ」の文章に触れたとき、まず頭に浮かんだのが、『基地の子～この事実をどう考えたらよいか～』という本だった。清水幾太郎氏らの共編による光文社刊、一九五三年初版発行の同著は、タイトルのインパクトにひかれ入手した。古本には表紙がなく、背表紙も色あせていた。手になじむコンパクトサイズの本だが、読む際には茶色に変色した紙が破れないよう、一ページずつ丁寧にめくるのに苦労した。

この本が出版されたとき、本土にはまだ六〇〇余の在日米軍基地が残っていたという。沖縄は米軍統治下だった時代だ。

巻頭の「編集のことば」に、「この『基地の子』という書物は、基地の附近に住む子供たちの観察と感想を綴った文章を集めてできたものです」とあるように、米軍基地周辺で暮らす子どもたちの作文を、本土復帰前の沖縄を除く全国から募集し、編集したものだ。あらためて読み返すと、「編集のことば」には、「集まった文章を一つ一つ読んでゆきますうちに、その一つ一つが、幼い眼ながら、問題を鋭く見抜いていること、また、幼い筆ながら、――これは、真実を語ろうとするものにだけ許されたことです。――じつに生々と表現していること、これにビックリしてしまいました」とつづられている。この感想は、私には別の意味で驚きだった。普天間第二小の子どもたちの作文に接したときに抱いた自分の感慨とあまりにぴったり重なる表現だったからだ。さらに、「子供たちの苦しみは、しかし、また、基地の大人たちの苦しみを映しているのです」との指摘も、今の沖縄社会をそっくり投影したかのようだった。

『基地の子』と『私たちの教室からは米軍基地が見えます』を読み比べてもらえれば、サンフランシスコ講話条約締結間もない「事実上の占領下」の現実が、二十一世紀の沖縄に厳然と残っている実態が自ずと浮き上がってくるのではないか、と思う。

来年の二〇一二年、沖縄は本土復帰から四十年という節目の年を迎える。登場してもらったのはいずれも四〇歳前後の復帰前後に生まれた人たちだ。彼らは例外なく、職場や家庭で軸となって活躍している壮年世代の社会人である。初めてマスコミの取材に応じるという人が大半で、戸惑い、拒絶反応を示す人もいた。取材に応じるには勇気が必要だったに違いない。「地元の当事者」としての気概と、「社会的責任」という両方の意識があったからこそ、慣れない取材に応じてもらえたものと思っている。

在日米軍専用施設の七四％が集中する沖縄には、「基地周辺住民」の比率は言うまでもなく、本土よりも圧倒的に高い。「異常」といわれる環境で育つ子どもたちは今なお少なくない。しかし、親にも子どもたちにも悲壮感はない。負の側面を抱えているがゆえに、地元への愛着は一層強いようにも感じられる。それは救いでもあった。

本書の取材、執筆を通じて実感したのは、家族の絆や同級生、地域のネットワークといった、人と人の横のつながりは沖縄社会に健在であるということだ。以前よりは希薄化しているとはいっても、そのネットワークの強さのおかげで数十年前の作文の作者を探しだし、取材に応じてもらうことができた。沖縄の今と将来を照らす「豊かさ」の源はここにある、という気もした。そこには「中央」が追求する「合理性」とは異なる価値観や可能性が宿っていると思うからだ。

最後に、個人情報保護法の制約がある中、許される範囲で誠意ある対応をしてくださった知念春美校長はじめ学校関係者のご理解なくしてこの企画は成立しなかった。あらためて心より感謝申し上げたい。

二〇一一年八月　　著者

そてつ
(第 14 号)
そてつ
(第 19 号)
そてつ
(第 20 号)

渡辺豪　わたなべ つよし
1968年兵庫県生まれ。関西大学工学部卒。毎日新聞社記者を経て98年から沖縄タイムス社記者。現在、特別報道チームキャップ兼論説委員。主な著書に『「アメとムチ」の構図〜普天間移設の内幕〜』（沖縄タイムス刊）、『「国策のまちおこし」〜嘉手納からの報告〜』（凱風社刊）

私たちの教室からは米軍基地が見えます
普天間第二小学校文集「そてつ」からのメッセージ

２０１１年９月30日
初版第１刷発行

著者　渡辺豪
発行者　宮城正勝
発行所　㈲ボーダーインク
沖縄県那覇市与儀２２６-３
http://www.borderink.com
tel ０９８-８３５-２７７７
fax ０９８-８３５-２８４０
印刷所　東洋企画印刷

ISBN978-4-89982--213-4　C0036